Sciences Little Newton Encyclopedia

小牛顿 科学王

养一养，做一做

四川少年儿童出版社

图书在版编目（CIP）数据

养一养，做一做 / 牛顿出版股份有限公司编. -- 成
都：四川少年儿童出版社，2015（2019.6重印）

（小牛顿科学王）

ISBN 978-7-5365-7296-6

Ⅰ. ①养… Ⅱ. ①牛… Ⅲ. ①植物－少儿读物②动物
－少儿读物③昆虫－少儿读物 Ⅳ. ①Q94-49②Q95-49
③Q96-49

中国版本图书馆CIP数据核字(2015)第225986号

四川省版权局著作权合同登记号：图进字21-2015-19-24

出 版 人：常　青

项目统筹：高海潮

责任编辑：隋权玲

美术编辑：刘婉婷　汪丽华

责任校对：王　蓓

责任印制：袁学团

XIAONIUDUN KEXUEWANG · YANGYIYANG ZUOYIZUO

书　　名：小牛顿科学王·养一养，做一做

出　　版：四川少年儿童出版社

地　　址：成都市槐树街2号

网　　址：http://www.sccph.com.cn

网　　店：http://scsnetcbs.tmall.com

经　　销：新华书店

印　　刷：艺堂印刷（天津）有限公司

成品尺寸：275mm×210mm

开　　本：16

印　　张：4.5

字　　数：90千

版　　次：2015年11月第1版

印　　次：2019年6月第4次印刷

书　　号：ISBN 978-7-5365-7296-6

定　　价：16.00元

台湾牛顿出版股份有限公司授权出版

目录

1 养养看

◉ 凤蝶

卵 凤蝶会将卵产在它所嗜食的树种（橘、花椒、枳）的叶子上面，而且会选新鲜的叶芽。所以，如果想摘取附着卵的叶子来孵化，必须注意不要让叶子发霉或干掉，否则可能孵不出来。我们可以用不让叶子太干的方法，或者干脆用湿毛笔把卵沾下来，放入小瓶子里等卵孵化。孵化时间，夏天约 3～4 天，春秋之际气温不太高时，约需 7 天。即将孵出来的卵颜色会变黑，特别是快要孵出来时，有一处特别黑。

较大幼虫的饲育箱

幼虫的移动方法　　　　覆袋饲养法

幼虫 饲养幼虫时，最重要的是保持新鲜叶子供应充足。

幼虫不到 1 厘米时，可放在广口瓶里。瓶底放上一两张卫生纸，上面放两三片新鲜叶子，再用打了小洞的布或塑料布盖起来。在换叶子时，瓶底的卫生纸也要换掉，瓶子一定要保持清洁。

幼虫逐渐长大之后，食量也越来越大。因此，可换一个箱子，箱子里放入一个装了水的瓶子，插上带叶子的树枝，这样就方便多了。但是，如果箱子里的湿度太高

的话，幼虫很容易生病，可改用网眼较大的纱网，或采用如上图那样的饲育箱。

幼虫经过 5 次脱皮（蜕皮）之后，会变成蛹。在第 5 次脱皮之前，它会紧紧抓住树枝或其他物体以固定身子。如果这个时候它没固定好而移动，可能不会顺利脱皮而死去。这一点必须注意。此外，用手

玩弄幼虫，也很容易使它生病。因此，在更换瓶底的纸，或换新叶而必须移动幼虫时，必须要按照上页左图所示那样，先用剪刀剪下幼虫所附着的纸或叶子，再放在新的叶子上面。

另外还有一种方法，就是用纱网做个袋子，套在虫所嗜食的树枝上，让幼虫自行在袋中摄食、成长。不过，这个方法不能仔细观察幼虫，而且万一袋子的开口打结处或袋子有漏洞的话，可能会有蚂蚁或其他虫类侵入，伤害所饲养的幼虫。再者，盛夏时，如果所选树木的位置日照强烈，会因袋中温度过高而使幼虫死亡，因此纱网的布料以白色之类的素色纱布为好。

蛹　当幼虫附着在树枝上变成蛹时，不要去碰它，让它自己羽化为成虫。但是，如果蛹附着在羽化（从蛹变成虫）时翅膀无法充分伸展的地方，或羽化前蛹脱离树枝掉下来，或蛹必须越冬，就一定要依照"蛹的保存板"所示，将蛹固定在保存板上，让它羽化。在温暖季节约需2～3个星期，越冬时约需3～5个月，蛹才能变成成虫。

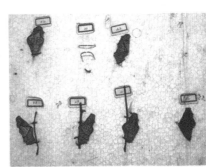

蛹的保存板

成虫　成虫在饲养过程中，羽翅往往变得破烂不堪。这与在自然中生活的成虫形态差得太多，因此，除非是想使它产卵，否则不宜再饲养下去。使它产卵的方法，可如图所示，造一个饲育箱，里面放些青草（它爱吃的植物），放在有光、有风的地方，每天以稀释的蜂蜜或糖水饲喂两三次。

图 1 成虫的饲育箱

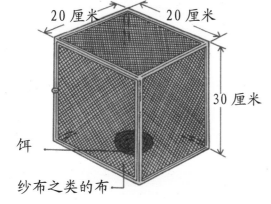

20 厘米　20 厘米

30 厘米

饵

纱布之类的布

图 2 使它产卵的方法

图 3 喂食的方法

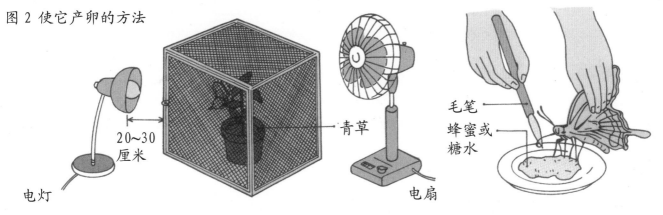

20～30 厘米

电灯

青草

电扇

毛笔
蜂蜜或糖水

◉ 纹白蝶

卵 纹白蝶的卵与凤蝶的卵相比略小且不醒目，要看惯了才能很快找得到。要找到它的卵，可追踪即将产卵的雌蝶，或仔细找纹白蝶嗜食的植物（甘蓝菜、萝卜等）。

在花尚未绽放的草原上，蝴蝶不安定地飞着，而且常躲在草丛中静止不动，这时我们可认定它就是待产的雌蝶。通常可以在晴天的上午看到。

找到卵时，最好将附着卵的草连根全株带回，移植在花盆里，然后等待孵化即可。如果是附着在萝卜或甘蓝菜上的话，由于不容易整株移植，剪下卵附着的叶片带回处理即可。带回后放入容器内，在上面盖上卫生纸，再用橡皮圈扎紧，等它孵化即可。

幼虫 饲育方法比饲育凤蝶的幼虫麻烦。尽可能如图所示，将青草种在盆中来喂养它们。如果能做个如下页图 1 的饲育箱更好，这种箱子也可用来养其他种类的昆虫，非常便利。

用广口瓶来养的话，湿气较重，而纹白蝶的幼虫又怕湿气，可能会因此生病，甚至死亡。这一点必须注意。如果已长到 4 龄以上，就无须顾虑。再者，保持草料的新鲜，也是很重要的。

因此，将青草插入有水的瓶中，或以

种植青草的饲育法　　利用广口瓶的饲育法

使青草不会枯萎的两种方法

沾湿的绵纸包覆青草切口，外面再包上塑料布。总之，新鲜的青草对任何昆虫的饲养都是最重要的条件。

幼虫经 5 次脱皮之后，变成了蛹。在脱皮前，它会吐出丝来固定位置。位置固定之后，如果又脱离了位置，它将会无法顺利脱皮而死，所以脱皮前不可移动幼虫。一天之后，脱皮才会完成，因此一天无须换饵。移动幼虫时，和凤蝶的情形相同，剪下幼虫所附着的叶片更换即可。

图 1　幼虫的饲育箱

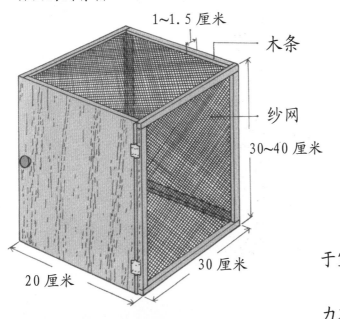

1~1.5 厘米

木条

纱网

30~40 厘米

20 厘米

30 厘米

图 2　蛹的保存板

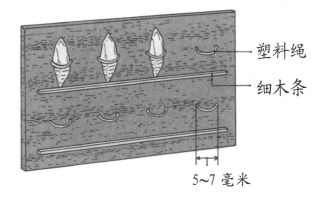

塑料绳

细木条

5~7 毫米

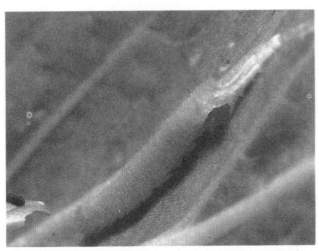

纹白蝶脱皮　脱皮前，头部后方胀大且发亮。

蛹　如果使用图 1 所示的饲育箱，常会利用箱壁化成蛹。如果使用玻璃瓶，附着在玻璃壁上化成蛹的也不少，不过往往因抓不牢玻璃壁而无法顺利羽化。跟养凤蝶的情形一样，如图 2 所示，做一个蛹的保存板，将蛹移置到上面，将可使它顺利羽化。

此外，秋天形成的蛹，冬天时最好放置于室外，也可利用这种保存板。

在幼虫时，如果食草不足，或虚弱体力不足，往往在成蛹之后变黑而死。

成虫　饲养成虫与凤蝶的情形相同，对蝴蝶来说，这是非常不自由的生活方式。如果不是想让它产卵，羽化的蝴蝶就让它回归大自然吧!

如果要让它产卵的话，将青草种在花盆中，放入饲育箱中，再把饲育箱摆在有部分日照的地方，每天喂稀释的蜂蜜两三次，这样大多能产下卵来。

此外，野外的雌蝶大多已交尾过了，所以不久它们也会产卵。

进阶指南

黑脉白蝶的饲育　黑脉白蝶的饲育方式和纹白蝶相同。幼虫很容易在生长于日照稍差之处的葶菜上找到。

在城市里，这种蝴蝶可能比纹白蝶更容易找到。

◉ 独角仙

卵 独角仙可用装有腐叶土的容器来养，只要食物充足，大多会产卵。想观察卵的变化，可用汤匙小心地把卵取出，放入另一个装着腐叶土的有盖容器里。除此之外，如果确定已产卵的话，尽可能不要去打扰它。卵的孵化期间约为两个星期。

幼虫 独角仙的幼虫可用腐叶土和腐木来饲养。一般来说，饲养工作并不难，但是在幼虫1龄、2龄尚幼小时，所给草食如果太干或不适当，幼虫也可能死亡。幼虫在孵化后一个月，大多已经历2次脱皮而到了最后的3龄，所以这个时期要特别注意。区别1龄、2龄、3龄的方法，可量幼虫的头部宽度，很快地就能看出来。（参照右下图）1龄的头部宽度约3毫米，2龄有5～6毫米，3龄则有11～14毫米。

越冬的方法 秋天发育良好的幼虫，到了冬天约可长到9～10厘米长。在野外，幼虫过冬的地方通常是选在腐叶土厚厚的地方。在冬天里，我们将这种腐叶土翻出来瞧瞧，可以发现这种土层因细菌的作用而保持温暖。所以，越冬的方法可以模仿这种情形，将大量的腐叶土放在饲育箱里

成虫的饲育箱

就行了。草食够不够可从箱子上方是否积着大量粪便看出来，但冬天因温度低，食量也少，所以不必再另加草食。这时千万不要为了看它而去翻动土壤，免得细菌的活动受到妨碍而危害幼虫。腐叶土如果太干，可偶尔用喷雾器喷些水。放置场所应选择室内昼夜温差最小的地方，静待春天的来临。

蛹 到了春天，幼虫开始活泼摄食，应给予充分的腐叶土。如果粪便太多，应将粪便取出，再放入腐叶土。

测量头部宽度的方法

用圆规量头宽。

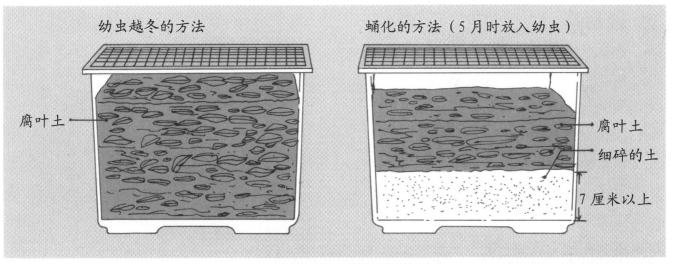

幼虫越冬的方法　蛹化的方法（5月时放入幼虫）

腐叶土

腐叶土
细碎的土
7厘米以上

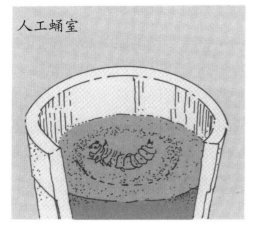

人工蛹室

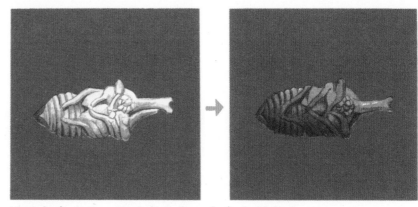

蛹的颜色变化　接近成虫期，颜色由褐变黑。

到了5月时，幼虫将变成蛹。如图所示，在箱底铺上约7厘米厚的细土，上面再放上厚厚的腐叶土，然后再放入幼虫。

独角仙的幼虫会钻到底层土里造一个蛹室（顺利变成蛹的场所），但也有跑到表面成蛹的。只要土壤够多，大多能顺利造个蛹室。这时，有些孩子为了找虫，会把土翻起而破坏蛹室。蛹室一旦被破坏，幼虫就很难顺利变成蛹了。这时，可仿上图，做一个人工蛹室，然后把蛹放进去。如果蛹室只有一小部分被破坏的话，稍加复原即可。蛹的持续时间约为3周。

成虫　成虫尽可能放在塑料箱里饲养，箱底同样放上腐叶土；为了促进虫子活动，应放入粗木。饵料方面，可喂它人喝的稀释乳酸饮料或糖水，以及桃子之类的水果。独角仙的食量很大，要注意充分供应饵料，但不新鲜的食物应拿出来换掉。此外，独角仙不太耐热，夜间比较活泼，饲育箱要选有盖子的，并放在太阳不会直接照到的阴凉处。

◎锹形虫

卵 在野外很难找到锹形虫的卵，最好抓成虫来产卵。

将土放在水族箱之类的大型容器里，并放入腐烂且已软化的木头，然后放进成虫，让它在木头中产卵，1个月左右就会孵化。

幼虫的饲育瓶

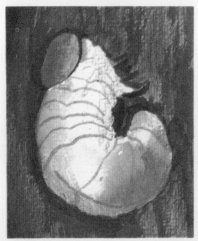

吃腐木的幼虫

幼虫 幼虫栖息在倒下来的栎树、杷树中，或已被砍伐的木头里。可将这些树木带回，弄成碎屑装在瓶中，再把孵化的幼虫放进去，幼虫就会靠着吃木屑而生长。若用瓶子饲养，最好1个瓶子养1只。里面的木屑如果太干了，对幼虫不利，上端应该用塑料等较不透气的盖子。冬天应放在温差较小的温暖处。

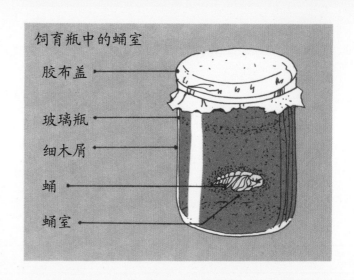

饲育瓶中的蛹室

胶布盖
玻璃瓶
细木屑
蛹
蛹室

蛹 成蛹的季节会因种类不同而异。通常，幼虫会靠在瓶壁造蛹室，所以可从外面观察它的变化。

成虫 成虫尽可能放在大箱子里养，可放入腐木或较粗的木头。有些种类会在白天挖土穴在里面活动，所以土的表面必须稍微保持干硬。饵料可供应人喝的稀释乳酸饮料或糖水，以及桃子、苹果等水果。此外，应该每天更换新鲜的饵料，箱子不可放在阳光照得到的地方。

成虫的饲育法

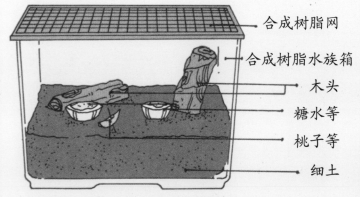

合成树脂网
合成树脂水族箱
木头
糖水等
桃子等
细土

◉ 瓢虫

卵 捉成虫来产卵，或找附着很多蚜虫的树枝也能发现它们的卵。

卵在孵化之前，如果所附着的树枝枯了也没关系，但枯叶卷缩，容易弄坏卵，应该注意。

幼虫 卵大多在1周内孵化。同一箱子里，如果放了几个卵块，先孵出来的幼虫会把其他的卵块吃掉，所以1个瓶子应该只放1个卵块。

蛹 幼虫会附在叶子或容器的盖子上变成蛹。由于再过1周就会羽化，放着不管也行。但蛹所附着的叶子或树枝有时会枯掉而生霉，遇到这种情形，可将它移入铺着绵纸的瓶子里。

成虫 成虫和幼虫同样吃蚜虫。可把附着很多蚜虫的树枝放进去喂食，而且要不断地喂。如果捉不到那么多蚜虫，可用蛋黄加蜂蜜搅拌而成的代替饵，和苹果之类的水果。不过，这只是暂时的代用品，如果一直只喂这种食饵，是无法养到让它产卵的。

充分吃蚜虫的瓢虫，在羽化后1周，即能陆陆续续产卵了。

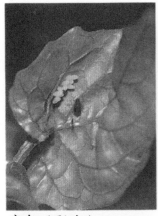

产卵（瓢虫）

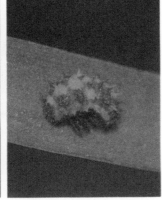

幼瓢虫

幼虫的饲养

成虫的饲养

代替蚜虫的饵

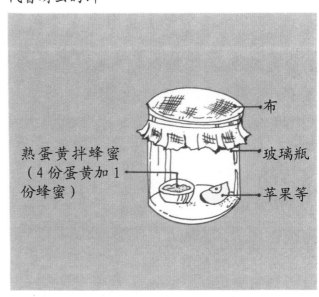

熟蛋黄拌蜂蜜（4份蛋黄加1份蜂蜜）

布

玻璃瓶

苹果等

龙虱

在水池、水洼处观察久一点，就很容易发现龙虱的行踪。初春常看得到小龙虱，灰龙虱则要在秋天才看得到。至于大龙虱，城市里是很难看得到的。

常产卵在上面的植物（大龙虱）

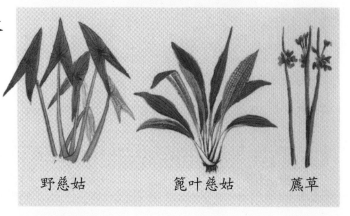

野慈姑　　篦叶慈姑　　蔗草

龙虱的种类

小龙虱　　灰龙虱　　大龙虱

卵　灰龙虱以及小龙虱在 4 月时，将卵产在水草上或沉于水底的落叶上。孵化期约 1 ~ 2 周，视水温而定。大龙虱则在 5 ~ 6 月间产卵在野慈姑、蔗（biāo）草等的茎上。我们可以在茎的表面找到直径约 5 毫米的小孔，那是它产卵的痕迹，卵就产在那里面。孵化期间约 7 ~ 16 天。

找到卵之后，连植物的茎一起采回放在容器里，但不可和成虫放在一起，因为成虫会吃掉幼虫。

幼虫　龙虱的幼虫都是肉食性的，如果食饵不够，就会吃掉同伴，所以个子特大的大龙虱要用较大的水族箱来养，而且 1 个箱子放 1 只，食饵也要给够。其他像小龙虱、灰龙虱，为了安全起见，也要尽可能分开饲养较安全。

食饵方面，可用孑孓（jié jué）、蝌蚪、小鱼等活的饵。小型的小龙虱，在终

产卵的情形

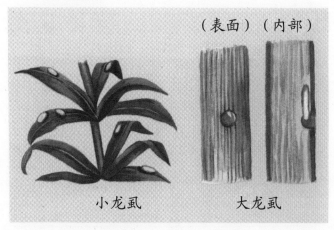

（表面）（内部）

小龙虱　　大龙虱

龄的 3 龄之前，可用孑孓或红虫喂养；但大型的大龙虱，会捕食和自己体长相同的小鱼，所以最好视其体长的增加多放一些食饵，免得给饵不足。

龙虱是吸食活饵的体液维生的，被吸食过的食饵留下来会污染水质，必须每天取出，以防水变质。并且，容器中最好能放一些水草。

蛹　幼虫脱皮 2 次之后，即达 3 龄，吃得够，身体即长得粗壮。最后不再吃饵，行动也迟钝了，就是要变成蛹的征兆。

孵化前的照顾方法

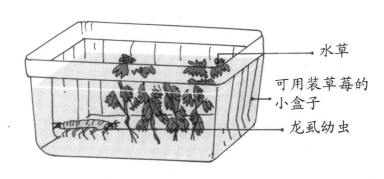

作为卵床
的水草

温度计

铅锤

成虫用的
水箱

沙

温度传感器

加温器（保
持水温在
20℃左右）

准备让小型龙虱蛹化

幼虫的饲育箱

水草

可用装草莓的
小盒子

龙虱幼虫

成虫的饲育箱

　　养小型的龙虱，可选用平底广口的容器，中间堆1个小土堆，其他部分装水，然后再把幼虫放到水里。顺利的话，幼虫不久即爬上小土堆，并且钻到小土堆中。而养大龙虱则要用深10厘米以上的广口瓶，放入碎土并弄湿，再放入幼虫，幼虫即会钻到土中，变成蛹。

　　蛹的持续时间约7～20天，变成成虫之后，约有2～4天还不会立即爬出地面。变成成虫之后的一两周内身体还很柔软，如果和其他成虫待在一起，很可能被吃掉。

　　成虫　成虫也是肉食动物，但和幼虫期稍有不同，若非太饿或产卵前，是不太会吃活鱼的，用小鱼干之类来养就可以了。此外，除非太饥饿，否则它不会攻击同伴，所以这时可以将数只养在一起。

　　不过，多养几只可能会污染水质，应该经常更换饵料，并每日换水，装个自动过滤设备也可以。到了产卵期，应放入适合产卵的水草。

　　另外，龙虱到了晚上特别活泼，会从水中跳出来，应注意把盖子盖紧。

◎ 蟋蟀

卵 把成虫养在装着土的水族箱，到了夏末就会产卵。由于卵产在沿着水族箱墙壁之类的坚硬面上，所以不必挖土来看，从水族箱玻璃面就可以看到产卵的情况。

饲养蟋蟀

成虫大多在10月中旬死亡。水族箱在成虫死亡之后，应将植入的草和食物的碎屑清理干净，再将土的表面弄湿，用报纸紧紧盖住，放在雨淋不到的地方。蟋蟀的卵在孵化前需要冬季的寒冷来诱发，所以如果是放在室内，要放在较冷的位置，并保持湿润。卵通常在4月中旬孵化。

幼虫 喂养幼虫可供给各种草叶、小鱼干、柴鱼片，或偶尔给些刚死的虫体。草类可选择钱草、佛座草等紫苏科植物，以及银豆、小巢菜等豆科植物，其他像稻科植物也可以。

草可直接种在水族箱里，或插在装水的小瓶子，以防它枯萎。柴鱼片、小鱼干等都很容易发霉，尽量不要直接放在土的上面。放入一些小树枝，可帮助幼虫脱皮。

容器不要放在阳光直射的地方，但尽可能放在明亮的地方。

成虫 想让成虫产卵的话，要找个像水族箱之类的可放土的大容器来养；如果只是想听听虫鸣，那么找个虫笼子就可以了。养在虫笼子里，如果放养多只，它们往往会互相残杀，应该分开来养。

食饵可给小黄瓜、小鱼干，这已够它们活很久了。和幼虫期相同，应放在明亮的地方，但避免阳光直射。

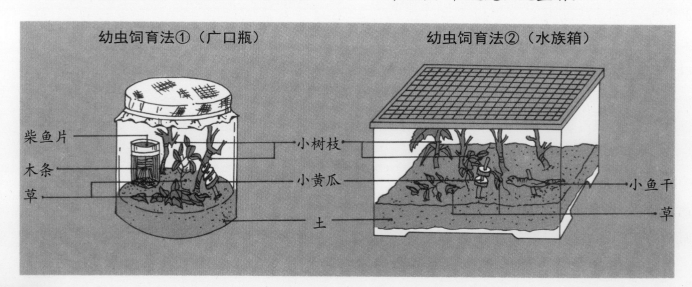

幼虫饲育法①（广口瓶） 柴鱼片 木条 草 小树枝 小黄瓜 土　幼虫饲育法②（水族箱） 小鱼干 草

⊙ 螳螂

卵 秋天产下的卵，到了春天一齐孵化出来。但螳螂的卵块如果已被鲣节虫寄

生，冬天时卵块内部大半会被残蚀，严重的会使卵袋变得软皱，一眼就看得出来。

即使在冬季，如果将卵放在温暖的地方也会孵化，但是因冬天不易找到食饵，最好还是将卵块放在室外，一直等到4月。如果是附着在树枝上的卵，则吊在阳光照不到的北边树枝上即可。但高丽螳螂的卵是产在树干上，要用小刀刮下来，放进塑料网里，同样吊在北边的树枝上。

等到草木都发新芽了，四处可见蚜虫的影子时，就可以把卵放到室内。

幼虫 刚孵化的幼虫会捕食蚜虫之类的小虫，非常有活力，甚至连小苍蝇都吃得下，所以也可以捕一些花的害虫当作它们的食饵。饲养容器可用广口瓶。至于附着蚜虫的叶子，最好插入装水的小瓶子，可防止枯萎。

1个卵袋可孵出约100只幼虫，所以要多准备几个广口瓶。孵出的幼虫虽然很多，但没

幼虫的饲育

稍大幼虫的饲育法

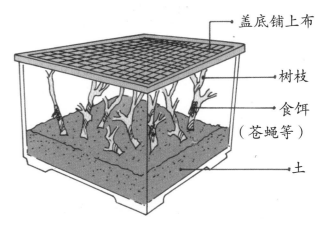

盖底铺上布

树枝

食饵
（苍蝇等）

土

多久就死去的数量也不少。

幼虫经过几次脱皮之后，渐渐长大，这时必须换成上图所示的水族箱。底部放些土，里面要保持湿润，并插一些树枝。盖子的纱网要选网眼较细的，以免当饵的虫子逃出去。而且，食饵要供应充足。

成虫 成虫的饲养和稍大的幼虫相同，应充分供应蝴蝶、苍蝇等较大型的虫子。如果找不到虫子，可以用生鱼肉碰触它嘴上的白须，它便会吃。此外，常给水分也很重要。

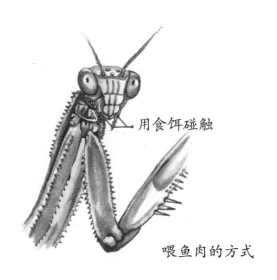

用食饵碰触

喂鱼肉的方式

金钟儿

卵 秋天产下的金钟儿的卵，第二年春天即孵化。这段时间长约半年，最需要注意的是成虫全部死亡后和春初卵孵化之前。首先，成虫全部死亡后，所留下的尸体、残饵、草类都是发霉的原因，应仔细清除。此外，还得把土弄湿，用报纸覆盖，把箱子放在阳光照不到、雨淋不到的地方，以求卵顺利过冬。每隔两三周洒水一次，但只要土表面潮湿即可。浇水太多，常会使卵死亡，必须注意。

到了3月中旬，将饲育箱移到室内温暖的场所，土也要保持潮湿，快的在4月初就会孵化。卵大多会一齐孵出来。

幼虫 饲养幼虫，可利用养金鱼的水族箱，非常简单。如果不在意看不到它们活动的情形，用脸盆也可以。盖子则选用幼虫逃不出去的纱网即可。里面放入厚2～

幼虫和成虫的饲育容器

3厘米的土，并竖立几块表面粗糙的三层板或木板，作为幼虫脱皮的立脚处。小水族箱的尺寸若有深15厘米、长15厘米、宽20厘米左右，就可放一些这类木板，养200～300只小幼虫。

食饵最好不要放在土的表面，黄瓜或茄子可以用竹签刺穿插在土上，其他像柴鱼片、小鱼干则可放在瓶盖中，再放在土上，并且不要紧放在一起，应该

各种形状的饲育笼

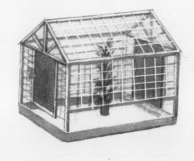

土壤杀菌的方法

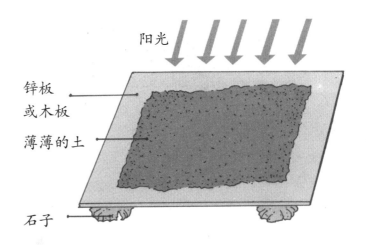

数量多时的养法

分散开来。

　　偶尔可供应砂糖或种些花草，以增进幼虫食欲。此外，小鸟食用的粉饵营养甚佳，也颇适合饲养金钟儿。

　　土的表面不要太过于干燥，应该常用喷雾器喷水，这一点非常重要。

　　成虫　容器、食饵和养幼虫时相同，但长成成虫之后，需要较多量的蛋白质，尤其是雌虫常吃掉较弱小的同伴，所以同一容器不要养太多成虫。

　　如果是从幼虫养起的话，在即将变成成虫时，应进行一次土壤杀菌工作。照上图所示，将细碎的土放在锌板或木板上，摆在阳光下晒久一点即可。再把杀过菌的土放入容器中，铺4～5厘米厚，然后把成虫移入。土经过杀菌可抑制其他虫子或霉菌的发生，使金钟儿所产的卵能顺利孵化。

　　如果只是想聆听它的鸣唱，养在小型饲育笼子里即可。这种笼子应选用网眼较小的。

🌱 **进阶指南**

　　螽（zhōng）斯科的饲育法　螽斯科的饲育法和金钟儿差不多，但因螽斯比金钟儿活泼，所以浅盆之类的容器不适合。

　　而且，一个容器养许多螽斯的话，它们常在换饵时跳出来逃逸。食饵除了与金钟儿吃的相同之外，枯草它们也吃。

　　有些种类会在靠近土表面的下面挖隧道，栖息在里面。

螽斯的饲养情形（从容器的上方俯视）

◉ 蚂蚁

整巢移植的采集和饲育法

蚂蚁最简单的饲育法是将碎土置于大型广口瓶内，再把蚂蚁放进去（照片1）。把黑彩纸张覆盖在玻璃上，蚂蚁就会沿着玻璃筑巢。盖子可用布做，但土较易干燥，可一半改用塑料布或玻璃。如果能做个如照片2的饲育箱，就可以准确掌握蚁巢的动态。

食饵可供应砂糖、饼干等甜食，或死虫等蛋白质类的食物。蚂蚁偏爱较湿润的食物，砂糖之类的东西最好加一点水再给它们吃。

即使是同种类的蚂蚁，如果不同巢也不能养在一起，一定要捕捉同巢的蚂蚁养在一起。挖掘蚁巢时，大多会连幼虫、蛹和成虫一起掘出，应一起放入饲养容器中。

以黑纸覆盖

照片2 两面都是玻璃的饲养容器
盖子必须穿孔

不过，要找到蚁后可不容易；如果真找不到蚁后，也能养上很长的时间。

从蚁后养起 在春夏之交，常看到很多翅蚁，可捉来养养看。翅蚁后的翅通常在交尾后3日内即脱落。可利用广口瓶，内放2～3毫米厚的细土，让它产卵（如下图）。

蚁后会在土上挖一土窪（wā）产卵。卵孵成幼虫，再结茧，然后变成工蚁。此后无须再给食饵，倒是要注意避免土太干燥。

工蚁开始外出活动时，可将容器换成如照片1般的大型广口瓶。

产卵的方式

塑料布盖

黑纸

细土

照片1 利用大型广口瓶来饲养
瓶的周围以黑纸覆盖

◎ 蜗牛

蜗贝的同类

蜗牛可以说是在陆地生活的贝。谈到贝，一般人大多想到生活在水中的动物，但具有肺的螺贝——蜗牛——的确是陆地上的贝。

蜗牛的种类很多，蜗牛只是它们的俗称。

身体的构造　常在梅雨季节或夏季雨后看到它们的踪影，但是大晴天就很难看到它们，那是因为它们身体构造较特殊的缘故。由于蜗牛的身体没有皮肤，在湿度较低的日子，体内的水分会被蒸发，因此躲在壳里，然后以黏液封住入口，可避免因身体的水分过度蒸发而死亡。

饲养容器和食饵　容器可利用水族箱或养虫的笼子，放于阴影处即可。盖子的网眼不可太大，以防它们逃走。容器中的土要厚5厘米以上，以免过于干燥。可放些树枝，让它们爬上去。

食饵以甘蓝菜叶、马棘等为主，加一两片鱼干。蜗牛在吃这些食物时，用齿舌以摩擦方式摄食。食饵尽可能每日更换以求新鲜。在换饵时，必须用喷雾器喷水，使土壤湿润。

到了冬天，它会吐出黏液封住壳的入口，开始冬眠。冬眠中可放进一些枯叶，将饲育箱放在无风不冷的地方。

各种蜗牛

盖上外壳越冬（冬眠）

台湾山蜗牛　　　　球蜗牛

班卡拉小蜗牛　　　史因福蜗牛

高腰盾蜗牛　　　　非洲大蜗牛

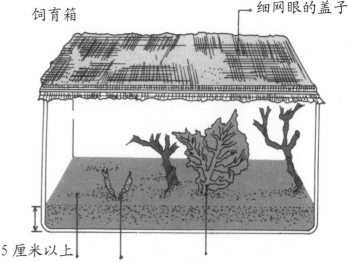

饲育箱　　　　　　　　　　　细网眼的盖子

5厘米以上

土　　小鱼干　甘蓝菜、马棘等的叶子

鳉鱼

可爱的小鱼

秋鳉鱼是生活在溪河里的小鳉鱼，成鱼不过 3 厘米大小，非常娇小可爱。

小鳉鱼孵出来后，经过 3 个月即可长成。鳉鱼常被人饲养的是一种红色的品种，叫红鳉鱼。

饲养容器 数目少的话，用普通的玻璃瓶来养就可以。像插花用的盘子或装草莓的盒子都可利用。但是，如果想多养一些，或让它们产卵，则采用养金鱼或热带鱼用的水族箱比较适合。

水族箱底须铺上 2 ~ 3 厘米厚的沙子，并种上水草。水草有光就会进行光合作用，吸收水中二氧化碳并呼出氧气，同时吸取水中污染物，所以有洁净水的作用。而且，鱼产下的卵上面有丝，会缠绕在草上，孵化时幼鱼可躲在草中避开危险且安全成长。

食饵 可用活的红虫、水蚤，或用一般养金鱼的饵料，只是要注意饵的大小。鱼身体很小，嘴也小，大块的饵料不容易吃下去。一般人工饵可先行弄碎，再拿来喂食。

分辨雌雄 从外观分辨鱼的雌雄，通常很不容易，尤其是能一眼分辨出来的种类并不多，鱼正是这些少数品种之一。孵化之后，经过 2 个月，它的雌、雄特征即可看得出来。比较它们的腹鳍，雄的腹鳍呈长方形，雌的则呈前宽后细的形状。

红虫

雌雄的不同

雄

雌

红鳉鱼的饲养

产卵、孵化 水温在20℃时，鱼卵即孵化，因此从春初到秋季的6个月间，鱼会持续产卵。

如果要让它们在某一天产卵，可先将雌雄分开来养，前一天傍晚才放在一起，它们在第二天早晨就会产卵。也因为如此，它们常被用作学术上的贵重实验材料。

产卵在清晨进行。雄鱼追逐雌鱼，雌鱼一边游一边产下10～20个卵。卵先是附在雌鱼的腹部，当雌鱼在水草间游动时，附着在卵上的丝即缠在水草上，使卵脱离雌鱼。

水温为20℃时，卵在2个星期内即孵化。在水温更高的夏天，约10天就会孵化。刚孵化的小鱼，跟雌鱼比起来算是相当大的了，所以成长快速。刚孵化的小鱼，可用煮熟的蛋黄捏碎喂食，也可用养金鱼的饲料粉喂食。

鳉鱼由于体形很小，绝对不可和金鱼等大型鱼类养在一起。

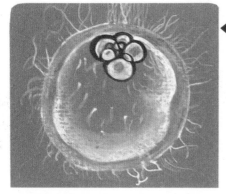

◀ 产卵后经过
20小时的卵

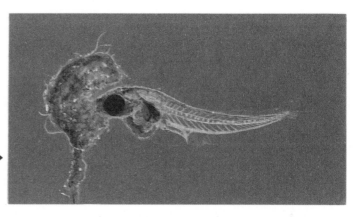

刚孵化 ▶
的鳉鱼

定期产卵法

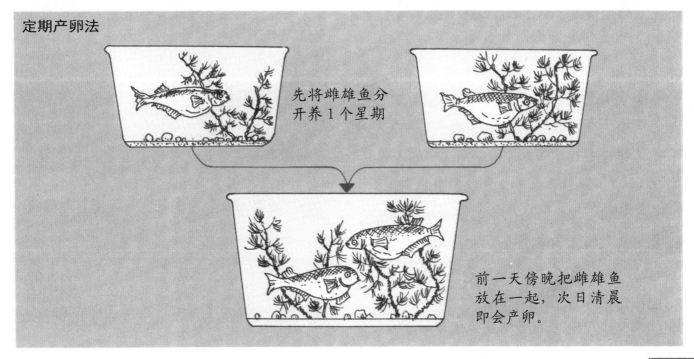

先将雌雄鱼分开养1个星期

前一天傍晚把雌雄鱼放在一起，次日清晨即会产卵。

金鱼

有上百个品种

距今 2300 年前，在中国发现了红色鲫鱼，被人送到寺庙供人观赏。这种红鲫鱼就是金鱼的祖先。

金鱼的原始体形和鲫鱼相同，经过长年的进化，产生了许多品种，例如，有红、白二色的，有蓝、黑二色的，有尾鳍形状怪异的，有没背鳍的，有体形呈圆形的，等等，形形色色，种类繁多。

有时候，某些品种的金鱼会出现体形怪异或颜色特殊的子代或孙代。将这些怪异的金鱼养大，再让它们产子，繁殖出同样具有该特征的子代，数量多了之后即形成一个新品种。或者，将几个品种相互交配，也会产生新品种。

容易饲养的品种

较易饲养的品种是和金。和金的体形属鲫鱼型，尾鳍有 3 片，也有 4 片的。同是鲫鱼型的朱文锦也很好养，尾鳍很长的"彗星金鱼"也是鲫鱼型。

此外，体形呈圆形的琉金、出目金、兰球等品种，在饲养上就比较费心。在有水流动的水槽中，它们的姿势无法保持平衡，比较不适合，所以最好饲养在静水的容器中。

饲养容器

以往金鱼多养在池中或水缸里，但今天大多养在水族箱里。短期可养在小金鱼缸里，但长期的话，还是养在水族箱、水池、水缸里较适宜。尽可能在大容器里养少一点的金鱼。

水的管理

养金鱼最合适的水，就是充满绿藻的绿色水，但为了便于观赏，多养在透明的水族箱中。自来水必须先放上一天，除去其中消毒用的氯。如果急着用自来水来换水的话，可以用海波（硫代硫酸钠）1 粒兑 10 升的水，搅拌之后即可除去氯。

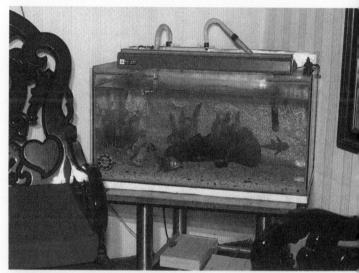

兰球金鱼、狮子头金鱼的饲养，水的流动尽量缓慢。

各种水草、海波，可除去氯。

饲养容器

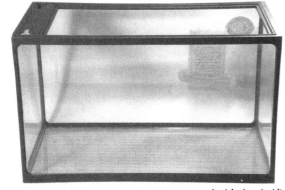

塑料水族箱

球型鱼缸

各种饲料

人工饲料

人工饲料

子子

最重要的是，注意水温。换水时，一定要等新水和旧水的水温相同之后，再把金鱼放进去。养金鱼时，一整年都不需要把水加热或冷却。但是在仲夏时节，如果把水族箱放在日照处，水温可能会升至40℃以上，不可不注意。

饲料 红虫和子子之类的活饵最好。人工饲料也可以，不过给得太多的话，会残留下来而腐臭，必须注意。此外，在保存人工饲料时，可放入一些干燥剂，以防饲料变质。吃了不新鲜的饲料，鱼儿是会生病的。

金鱼在水温15℃ 以上时，食欲旺盛。如果养在室外的池塘或水缸，必须供应充分的饲料，让它吸收足够养分而健壮身体，才能度过冬天。

红虫

● 各种金鱼的品种

丹顶　　　　　　丹顶　　　　　　丹顶

水泡眼　　　　　珍珠鳞　　　　　龙睛

金鲫　　　　　　斑点金鱼　　　　彗金

斑点金鱼　　　　兰铸　　　　　　琉金

◉ 热带鱼

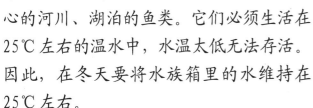

这是栖息于以赤道为中心的河川、湖泊的鱼类。它们必须生活在25℃左右的温水中，水温太低无法存活。因此，在冬天要将水族箱里的水维持在25℃左右。

饲养容器 热带鱼多具有美丽的色彩和奇特的外形，养在透明水族箱里，透过玻璃看着悠游自在的鱼儿，真是赏心悦目，所以水槽或水族箱一定要选透明的玻璃或亚克力树脂做成的。箱子的大小应依所养鱼体的大小来定。如果要养好几种热带鱼，箱子至小要长45厘米、宽30厘米、高30厘米。

水的管理 和养金鱼的情况相同，换水时要特别注意水温的变化，冬天时的换水工作更要注意。因此，一定要准备水温计，平常要量早晚的水温，换水时也要测量。

热带鱼的饲养

提高水温需要加热器，另外还要准备调温器（自动调节温度器）。应该从有信用的店购买，平时善加维护，以免漏电把鱼儿电死，或自己触电。

此外，多数水族箱都采用循环过滤器具来养热带鱼，但其实，如果鱼的数量不多，又种有水草，借着鱼的呼吸作用和水草光合作用的调和，也能长期养下去。

各种过滤器

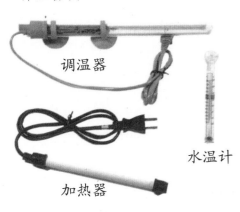

保温器具
调温器
水温计
加热器

装在水族箱上方的大型过滤器

放入水中的小型过滤器

种类的选择 容易饲养的种类有剑尾鱼和孔雀鱼之类的胎生鲤鱼科，以及斑马鱼之类的鲤鱼科等。这些鱼养得好的话，也能繁殖。初次养热带鱼尽可能不要养贵的或体形大的鱼。

神仙鱼或宝石鱼若从幼鱼养起，可数条养在一起，但是接近产卵期时，雌雄会自行配成对，而把同伴驱走，因此必须分开来养。

由于热带鱼的特质、习性依种类而不同，所以刚开始养时，一定要仔细询问店家或有经验的人。

饲料 红虫和孑孓之类的活饵最佳，一般养热带鱼的饲料也可以。喂饲料必须让每条鱼都能平均地吃到饵才可以，否则较弱小的鱼会因食物被强壮的鱼抢去吃而饿死。特别是，小型的热带鱼必须一日分数次施饵为宜。

水草

疾病和治疗 不论是热带鱼还是金鱼、鲤鱼，一旦生了病，连专家都很难将其治好。所以，与其治疗，不如平日多加预防。只要注意水质的洁净、饲料的正确给法、小心捉拿等，一般该是不会生病的。

热带鱼常发生的疾病有白点病。这是一种纤毛虫寄生在鱼体表面而引起的，严重的时候，鱼全身都变成了白色，最后会死去。应该早期发现予以治疗。

当鱼体受伤时，水生菌会附在伤口上，如果不予治疗，会逐渐扩大。这种病常发生在捞鱼之后，所以捞鱼时要小心。可以用呋喃系的药品予以消毒，水族馆里大多有卖。不过，施药的方法应该听从店家的指导。

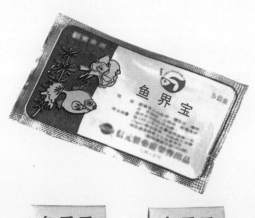

治鱼病的药

各种热带鱼的品种

黄背玻璃鱼

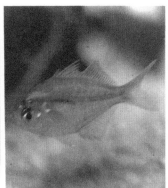
绿背玻璃鱼

红鱼

缺带神仙鱼

眼斑双锯齿盖鱼

红单带双锯齿盖鱼

黄带长吻蝶鱼

云斑爬石鲶

条纹石鲈

点带蝶鱼

安尼鲶

斑点剑胎鲤

月光古勒米

苏门答腊鱼

◉小鸟

饲养前 养小鸟比养狗、养猫还要费劲一些。小鸟体形小、体力差，一天不吃东西就会死去，因此要事先找到在你忙时能帮你的人，以便每天都能供应充分的食物和水。

饲鸟种类多达200种以上，这里举出3种容易饲养的鸟类，供你参考。

①十姐妹　原产地为中国。

②文鸟　原产地为东南亚。

③小鹦鹉　原产地为澳大利亚。

必需的用具 养小鸟必须准备好

文鸟　　　　　小鹦鹉

应用的器具。依鸟的种类不同，用具也稍有不同，所以事先要选好合用的用具。

各种鸟笼

竹笼　　　　　　金属笼

饲料盒种类

（1）笼子　有观赏用的笼子，和以育雏为目的的鸟箱。材质有竹子、塑料、金属等。十姐妹和文鸟使用任何一种都可以，但小鹦鹉会乱咬东西，以金属质地的笼子较适合。

要想让它们营巢、产卵、育雏，大型的箱笼当然可以，但小型鸟箱也行。

（2）饲料盒　材质有陶制、塑料、锌板制的。

饲料盒、水盒使用重且稳定的陶制用具非常适宜。水盆也可作为鸟水浴之用。

小的牡蛎粉盒和青菜插具，以塑料制的就可以了。

（3）巢　文鸟和十姐妹使用壶形巢，但有些文鸟不喜欢壶形巢，可改用文鸟专用巢箱。

小鹦鹉的巢箱可用较高的专用巢箱。

（4）栖木　宜用直的圆形木条，鸟店都有卖。鸟箱中上下各置2根即可。

饲料　（1）主食　十姐妹、文鸟、小鹦鹉都以稗为主食，掺以粟、稷等。文鸟的饲料可以采用稗6、粟3、稷1的比例混合，十姐妹和小鹦鹉的饲料则可以用稗7、粟2、稷1的比例混合。

（2）副食　①青菜　小白菜、白菜、甘蓝菜等的菜叶都可以。

②牡蛎粉　这是贝壳敲碎的粉，可补充钙质。特别是产卵中的雌鸟和雏鸟更是不可缺乏。

③产卵用的饲料　为了促进鸟儿产卵，可供给蛋黄粟。蛋黄粟的制法是把脱壳粟1.8升用小火炒过，掺入蛋黄一个。阴干后，以汤匙背面压碎已经结块的蛋黄粟，置于罐中保存。

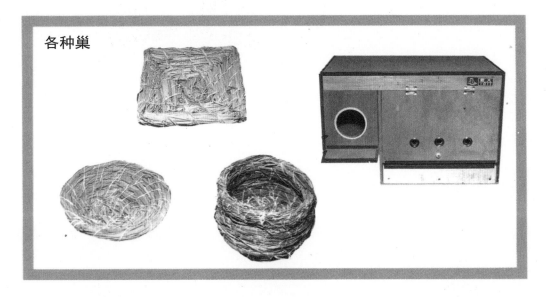

各种巢

各种饲料

小白菜

主食（有壳）

主食（脱壳）

蛋黄粟

日常的管理 可在清晨给予饲料。首先将饲料盒中的粟、稗等的壳用力吹掉，接着换水、换青菜。

这些工作必须每天做。

（1）水浴和日光浴 鸟做水浴，是维持美丽身段不可缺少的。

放进大型的水盆，鸟自己会去洗澡。洗完之后必须换水。换羽期间不可让它行水浴。

日光浴方面，冬天可让它尽情地行日光浴，但是夏季阳光太强，应注意，以防中暑。

（2）打扫 鸟笼或鸟箱每周应打扫一两次，栖木也要清洗并保持充分干燥。

（3）疾病 鸟一生病，立即会显现在动作上。如果发现它们无精打采且羽毛蓬松，可将鸟移至小笼之中，放在较暗且不受风的温暖地方，让它能安静休养。这种处理适用于下痢和感冒流鼻水。

产卵中无精打采的鸟，大多是因为卵阻塞生不下来。可轻触腹部，如果有硬

生病时的照顾方法

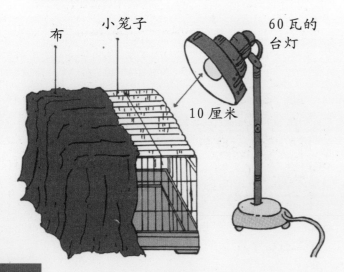

布　　小笼子　　60瓦的台灯

10厘米

块，就是卵。可用稀释两三倍的葡萄酒，以吸管滴在其口中一两滴。此时必须保持环境温暖。

如果要喂以药剂，必须请教兽医。

十姐妹的营巢 （1）亲鸟要选养有精神、动作活泼的年轻种鸟（生后1年左右）。同时，配对时应避免同一亲鸟所生。

（2）营巢的准备 鸟箱中，壶巢口须稍微向上。巢草（稻草）可置于箱底或挂在铁网上，任由它冲去筑巢。放入成熟的亲鸟，并给予蛋黄粟饲养，它们就会开始搬运巢草。

巢草

（3）产卵 营巢结束后，鸟每天早上会生一个蛋，连续生五六个，然后开始孵蛋。这时，就要停止供应蛋黄粟。

抱卵后约两周，雏鸟孵出来了，可再供给蛋黄粟以增加雏鸟的营养，并且充分供应青菜和牡蛎粉。刚诞生的雏鸟浑身肌肤是红色的，过了1周才开始长出毛来。

过了3周，雏鸟已能站立，但仍须亲鸟喂食。

待确定雏鸟已能自行摄食之后，才能和亲鸟分离。

文鸟和小鹦鹉的营巢　营巢的过程和十姐妹相同。小鹦鹉的巢要用专用的巢箱，无需蛋黄粟和巢草。

小鹦鹉的产卵数约四五个，文鸟约五六个。孵化日数为小鹦鹉约18～20天，文鸟则约15～16天。

赏玩训练　文鸟和小鹦鹉如果从小养大，很容易养驯。

（1）准备雏鸟　必须掌握雏鸟离开亲鸟自立的时间，太早离巢，发育太差；太晚离巢，则不易养驯。最适合的时间，是孵化后的第2周。向鸟店买的话，以春秋两季时较佳。

雏鸟还小时，可放在里面装有棉花的草巢里，待羽毛长齐了之后，可移至竹笼里。

（2）饲料　首先将青菜磨碎，再放入一些牡蛎粉一起磨得更碎一点，然后混合经热水烫过的脱壳粟，再用给饵器喂食，或用竹片也可以。小鹦鹉则可用小匙子喂食。

每隔两三小时喂一次，一天要喂四五次，依颈部嗉囊的膨胀程度来决定喂食的量。

长至稍大，即可将鸟移入竹笼里。此时嘴巴较大，可完全用竹片来喂食，以后逐渐自行摄食。

养驯之后，要多跟它玩耍，让它学会各种技巧，或懂得你的意思。

赏玩用雏鸟

2 种种看

春播一年生草本花卉

春播一年生草本花卉于春天播种，夏秋之际开花。

播种时期 大波斯菊、万寿菊、凤仙花、紫茉莉等草本花卉，可在4月初播种，牵牛花、鸡冠花、爆竹花等，则可在4月末至5月初播种。各种草本花卉的发芽、成长各有其适温期，因此播种时间是固定的。

育苗方式 将田土混合河沙和腐叶土，加水搅拌，但不可加太多水，以免变成烂泥。接着，放入底部有洞，深约5厘米左右的木箱或花盆中。播种时，不可撒太多种子，以免花苗过于拥挤。覆土不可太厚，约为种子粒径的1.2倍厚度之土壤即可，然后以喷壶或喷雾器小心浇水，须注意防止种子流失。在种子未发芽之前，要经常浇水，以免土壤表面过于干燥。等发芽之后，子叶张开，立刻进行每株隔2~3厘米的间植。待叶子互相叠在一起时，就要定植在花盆里或花坛里了。

■牵牛花 会开大轮花的，叶为绿色蝉形叶（叶形有如攀附在树上的蝉）者，适合蔓状造型；花色鲜丽，叶为黄绿色蝉形叶者，适合团状造形。

播种方式 将种子浸在水中，使其吸饱了水。不吸水的种子必须在种皮上割个伤口，才能让种子吸水。然后播在装有沙或蛭石的木箱中，将种子平的一方朝下，按入2厘米深，间隔5厘米左右。

牵牛花的播种方法

吸水膨胀的种子

磨掉种子一小部分的皮

牵牛花的子叶和叶的形状

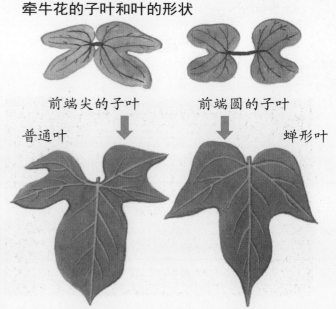

前端尖的子叶　　前端圆的子叶

普通叶　　　　　　　　　蝉形叶

育苗方法 发芽之后，立即移植在直径12厘米的花盆。子叶前端尖的，花形较小，应舍弃。土壤可采用田土加腐叶土或堆肥，而且排水良好的土壤。此外，每1升土可施加1克的化学肥料。花盆底部放2厘米厚的粗砾土，以利排水。

花盆越接近地面湿度越高，叶子就会长得越大，以致花形较小，所以应放在日照良好的棚架上或阳台上。土的表面如果太干燥就要浇水，浇到水从盆底流出为止。傍晚时，经过彻底浇水的叶子会由因日晒而萎缩的样子恢复到本来的样子。

到了叶子长到四五片，盆底能看到根时，即可定植在盆子里，以便设计造形。

蔓状造形 将三根竹子插在直径21厘米的花盆中，用铁丝绕绑3圈固定住，任其爬满架子，是为圆柱造形。将一根竹子插在盆子中央，周围用铁丝圈成螺旋状固定住，任其攀爬，是为螺旋造形。两种造形栽培，都要在它长出12～13片叶子时实施。如果发现已经结了花蕾，即任其绽放；如果还看不到花蕾，即须在第六七片叶子的地方切除蔓茎，待其下方又长出粗大的芽，即可任其单茎攀爬。把蔓茎固定在铁丝上的工作，最好在晴天进行。

团状造形 将花苗定植在直径15～18厘米的花盆里。等长出七八片叶子时，从第5、第6片之间切断蔓茎，就会从第3片和第4片叶侧各抽出一芽，左右对称地伸长。等结了三四个花蕾时，再将蔓茎前端摘除。如果想让许多花蕾同时开花，可把第一次摘茎后所发的芽留下3芽让它生长，等各茎长到三四片叶时再摘茎，使它各再发2芽，合计6条蔓茎。接着，等每条茎结了三四个花蕾时，再摘除茎的前端即可。

团状造形

圆柱造形

螺旋造形

■**凤仙花** 花色丰富，有大红、桃红、紫、白等色，耐高温、干燥，容易栽种。由于种子容易发芽，可直接播种于花坛里，每隔20～25厘米播种2～3粒。发芽后施行间拔，以1处种1株为原则。非洲种凤仙花高度不高，适合盆栽。日照不佳之处，也能生长良好。

■**紫茉莉** 高度在0.6～1米间，成株呈圆球形。花色有红、粉、黄、白，也有红和黄、粉和白等掺斑点的品种。傍晚绽开，第二天早晨闭合。种子大且黑，切开则有白色化妆粉般的粉状物。播种时，每隔40～50厘米播1穴，1穴播2～3粒。

原本是多年生草本，一般却当作一年生草本，在温暖地区可越冬，每年开花。

■**鸡冠花** 品种有高度甚矮的花坛专用和1.5米左右的切花用者。观赏部分为花与变形的茎所组成，状如鸡冠，因而得名。另外还有羽毛状的羽毛鸡冠花。播种于木箱，发芽后30天左右定植，植穴间隔为20～30厘米。苗过大时，不适合移植。

■**大波斯菊** 早花种宜在3月播种，6月开花，可持续到秋末。

普通10月开花的品种生长旺盛，如果土壤肥沃，很有可能会因生长过于茂盛而倒伏。

故在肥沃之处，宜在7月过后播种，或种植扦插苗。

紫茉莉 夏天傍晚开花，第二天早晨闭合。

凤仙花 成熟的果实受到触摸，种子即会弹跳出来。

鸡冠花

大波斯菊

一串红 红花配绿叶，有份对比美。也有白花种。

万寿菊

▲丝瓜的花
花谢了后，由果
柄长成丝瓜。▶

丝瓜▶

▼晒干的丝瓜瓤（筋）

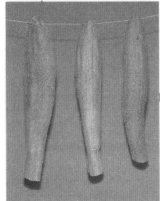

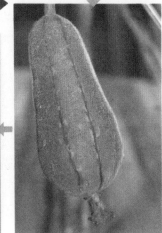

■**一串红** 播种间隔为 1 ～ 2 厘米。发芽之后，如果过于拥挤，可进行移植，植株间隔为 10 厘米。等待形成花蕾时，则可进行定植，矮种间隔 25 厘米，高种间隔 40 厘米。土壤要充分浇水。夏季如果枝叶生长得太茂盛，开花会减少，宜修剪之后，再施加肥料，又会恢复多花的盛况。

■**万寿菊** 法国种较矮，花也小，但花色丰富，适合花坛栽植。非洲种花大且高，适合切花。而这两种的杂种，花大且矮，十分强健。播种后宜行移植，间隔 5 ～ 8 厘米。出现花蕾之后，再行定植，法国种之间隔以 20 厘米为宜、非洲种则以 40 厘米为宜。

■**丝瓜** 又称菜瓜，5 月初播种，植穴间隔 10 厘米，1 穴种 4 粒。等长出 2 片叶子时，进行间拔，每穴仅种 1 株。任由蔓藤自然攀爬在棚架上，但从根部附近长出的侧芽应该摘除。

在气温上升的 7 月中旬，生长极为茂盛，到了 8 月时，就会结果。开花后 30 天，果柄呈黄褐色，待瓜尖呈浅黄色时，即可摘下来，轻轻摩擦瓜皮，使其破皮，然后浸水 1 周。去除腐烂的皮、瓜肉、种子之后，所留下的纤维经过晾晒，即可制成洗涤用的丝瓜筋（丝瓜瓤）。

摘过瓜之后，可在蔓茎离地 40 厘米处切一开口，用空瓶接盛滴出的茎液。这种丝瓜茎液可作为化妆水来用。

秋播一年生草本花卉

秋播一年生草本花卉于夏秋间播种而越冬至第二年，冬春之际开花。秋播一年生草本花卉中，有可耐冬寒者（三色堇、白妙菊、霞草等），有必须防霜害者（金盏菊、雏菊、紫罗兰等），有不耐寒冷必须在温室过冬者（千日莲、山梗菜等）。

播种时期　在温暖的地区，三色堇、雏菊、冰岛罂粟、金盏菊、矢车菊等可在 8 月播种，11 月开花，观赏时期长达冬春二季。不过，夏天不易育苗，通常在 9 月 20 日播种。

育苗方法　麝香碗豆、羽扇豆等不耐移植，直接定植于园地或花盆里。

　　三色堇或雏菊如果在气温还是很高的 9 月前播种，大多会患病枯死。为了防患未然，应注意下列事项：

　　①播种时，土应先经蒸气或以火烘焙，予以消毒。

　　②土壤先用 1～2 毫米的筛子把太细的土粒予以筛除，以利排水。

　　③发芽前，应充分浇水；发芽后，土的表面稍干即应浇水。

　　④宜置于雨水淋不到的地方。

　　⑤长出叶子之后，可进行移植。

　　播种时，可使用泥炭板来种，由于不易干燥，发芽较为整齐，栽培也就容易多了。

■**三色堇**　温暖地区的花期较长，从 10 月至翌年 5 月，凉爽地区则从 4 月至 7 月。耐寒且耐移植，花色丰富，有紫、青紫、黄、橙、红、白等

三色堇的栽培过程

发芽

移植后的苗

开花

结果

颜色。高度很矮，适合花坛、花盆种植，也适合切花，是人们熟悉而喜欢种植的花卉。

盆栽方面，有两种较适合的，一种是花的中央有黑圈的大型花朵，一种是称作比欧拉的小型花朵种。花坛方面，可选没有黑圈的中型种，以颜色分区种植，有份整齐划一的美感。

如果想让它在冬季开花，必须在8月底之前播种。三色堇不耐热，必须特别注意气温，等长出2～3片叶子之后，就比较容易生长。

开始开花的植株，于10～

色彩缤纷的三色堇花 有黑眼圈的，有纯色的，各式各样。

11月间定植于花坛，植株间隔20厘米左右。但是生长迟缓，到了冬天仍不开花的植株，可在3月之后再予定植。

■**雏菊** 与三色堇相同，植株不高，都适合花坛种植。花色有粉红与白色，娇小可爱，花期甚长。温暖地区的冬季仍然生长良好，但有降霜的地方须防霜害。

如果在8月初播种，11月初即开始开花。因种子很小，可不用覆土。在未发芽之前，

雏菊 与三色堇同为人们喜爱的春花。

宜充分浇水。等长出2～3片叶子之后，可进行移植，植株间隔3厘米。太过于拥挤的话，可先种在苗床上，到2月底再定植于花坛。在凉爽地区，夏季不用担心枯死，可进行分株繁殖。

秋播一年生草本花坛

■**叶菜花** 白菜、油菜都开同样的花，俗称菜花，其中一种改良种特别适合切花之用，叫作叶菜花。叶片呈皱褶状，早点播种的话，会在12月开花。花可供食用。种子可直接播种在花坛里，等长出2～3片叶子时进行间拔，间隔为10厘米左右。

叶菜花、油菜花、甘蓝菜花、紫罗兰都是十字花科的草本花卉，花形都相似。

■**大紫罗兰（紫叶菜花）** 花色淡紫，形状类似叶菜花。9月播种，较适合种于矮小林木之间，别有一番自然情趣。成熟自然掉落的种子，能自然繁殖。

开着淡紫色花的甘蓝菜花，与大紫罗兰长得很像。

■**紫罗兰** 单瓣花的花瓣有4片，很像叶菜花和大紫罗兰。重瓣花的直径为3～4厘米，颜色有红紫、紫、桃红、乳白、白等，香味怡人。8月初播种，发芽后立刻移植，间隔3～4厘米。等真叶7～8片时定植，早生种11月左右开花。3月播种的话，5～6月开花。

紫罗兰 有单瓣种和重瓣种。

试试看

阳台上的小花坛 阳台上通风较佳，极易干燥，可种植较耐旱的天竺葵、秋海棠等。如果再配一些西洋常春藤之类的观叶植物，可使颜色和形状获得平衡。而且，阳台在冬天颇为温暖，不会受到霜害，所以三色堇和雏菊在冬天也会开花。

■ **麝香豌豆** 香气怡人，花色丰富，有红、桃红、白、蓝、紫等颜色。香色齐全，令人如沐春风，深受许多人士喜爱。冬天开花者在8月播种，如栽培在温室，则在12月即有花可赏。4、5月春天开花者，和5、6月夏季开花者，可在10月播种。播种时，要选日照良好和排水良好的场所。深耕时，应加入石灰、草木灰、堆肥等，做成宽60厘米的畦，植穴间隔25厘米，每穴播3粒种子。

冬天须防霜害。

麝香豌豆 属豆科草本花卉，根有根瘤。根上所生根瘤▶

■ **罂粟的同类** 种可制造鸦片的罂粟是法律所禁止的，但冰岛罂粟、加州罂粟、鬼罂粟等都可种植。

冰岛罂粟花色丰富，有红、橙、黄、白等。在温暖地区，花期从12月到5月，在寒冷地区，冬天会稍受霜害，但从3月起又会开花。加州罂粟的花是非常亮丽的橙色，5月中旬一齐绽放，非常壮观。鬼罂粟又名丽春花，有红、桃红、白等，每

年成熟掉落的种子会自行发芽、繁殖。

罂粟科的植株都不容易移植，可在9～10月间直接播种在花坛里，或播种在小花盆里。所育成的苗可在11月定植于花坛。种子极细小，可和100倍量的细沙混合，然后连沙一起播种，无须再覆土，用木板压平就行了。发芽后进行间拔，间隔为15～20厘米。

罂粟 罂粟科植物不容易移植。

罂粟

春栽球根花卉

越冬的方法 春栽球根花卉不耐寒冷，必须在秋天下初霜时掘起，置于室内较暖处，或者埋在地下 50 厘米处以越冬。在地面不结冰的温暖地区，美人蕉和大丽花可在地表覆盖稻草及落叶的情况下越冬，或将干燥过的球根贮藏在木屑中，放在室内保存。

培育大丽花球根繁殖的苗圃

分球的方法 将已越冬过的大丽花球根在 3 月下旬掘起，可发现球根附着旧茎的部分已长出了多数白色的芽，可将球根分开来，使各个球根上都附有一个以上的芽。

美人蕉和姜花的球根形状都很像姜，芽会从各个方向发出来，将球根分开来，使各个球根上都附有 2～3 个芽。

■ **大丽花** 没有一种花的颜色和形状像大丽花那么多变化。矮的品种适合盆栽。大型花品种的花直径可达 30 厘米以上便不适合盆栽了。

3 月下旬，可将分球过的球根栽种于温暖的地方，然后盖上塑料布。芽会先从球根头附有旧茎的部分发出来。

把已发芽的球根芽朝上种植于 5 厘米左右深度的土壤中，小型花种株距 30 厘米，大型花种株距 60 厘米。中、大型花植株较高的品种，应同时竖立一根支柱支撑用。

已发芽的球根各保留 1～2 个芽，其余的芽则从芽基部切除。至于中、大型花的品种，宜保留靠近茎基部的侧芽 4 个，其余摘除。巨大型花种保留一个中心花蕾，其余摘除。开花后，从已保留的侧

球根越冬的方法（大丽花）

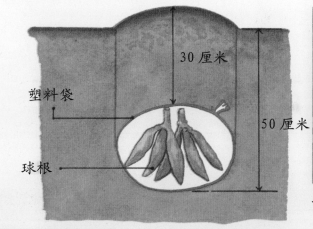

30 厘米

50 厘米

塑料袋

球根

分球的方法（大丽花）

掘起的球根

分开球根，使每个球根附有一个以上的芽。

芽上端切除，使其开出 2 次花。3 次花开放时，已是仲夏了，植株生长因暑热而变弱。8 月中旬，使茎基部 2 ~ 4 节处截断，再施予肥料，到了秋天它又会恢复生机，长得茂盛。

小型花种大都呈自然的半球形姿态，最好经常摘除开过的花朵，并稍加修剪，使其保持美丽的姿态。

大丽花的各种花形

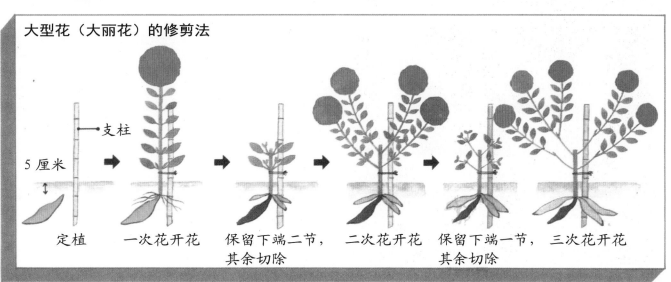

大型花（大丽花）的修剪法

支柱

5 厘米

定植　　一次花开花　　保留下端二节，　　二次花开花　　保留下端一节，　　三次花开花
　　　　　　　　　　　 其余切除　　　　　　　　　　　 其余切除

■**剑兰** 具有 7～8 片剑形的叶子，花色有红、桃红、橙、黄、紫、白，由下往上开花，高 1 米左右。

球根栽植时期在 3 月底至 4 月中旬，种后 3 个月左右开花。在夏季凉爽的地区，7 月种下球根，秋天即能开花。耐寒种可在秋季栽种，第二年 5 月开花。

球根宜种在日照良好之处，株距 10 厘米，深度 5 厘米左右。

开花后会结种子，种子吸收了养分将使球根缩小，所以最好切除花穗，不让它结种子，就可以使球根肥大。

春栽者宜在 10 月，秋栽者宜在 6 月，掘起球根予以阴干，然后收藏起来，以待下次栽种。球根的底部附有许多小球根，可在下一次用来繁殖。

■**美人蕉** 植株耐暑、耐旱，夏秋之际生长良好，高约 1～2 米。花朵硕大，有红、

剑兰 一般在春天栽种，夏季开花，也有一种是在秋天栽种，5 月开花的。

春　　　秋

剑兰的球根繁殖法 春天栽种的球根，到了秋天会变小，但会产生许多小球根。

桃红、橙、黄等，接二连三地开花，极其美观。常见于公园、学校或宽广的花园里。

在 3 月底至 4 月中旬栽种球根，株距为 60 厘米左右，深 5 厘米左右。法国美人蕉最好在开花后摘除子房，以防结种子，这样可使球根肥大。意大利美人蕉则不会结种子。

美人蕉的生活史 （左）花（右上）果实（右下）种子。

■**朱顶红** 球根在3月栽植，5月底即能开出很像百合的喇叭状花朵，颜色有红、橘、白。开花的同时，从花茎侧旁长出4片细长的叶子。花偶尔也会在秋天开放。

冬天降霜时，叶会枯萎，如果种在不受霜害的温暖地方，冬天依然是绿意盎然。可用分球或插鳞片的方式繁殖，也可播种繁殖。

朱顶红 5月绽放大型喇叭状的花。

🌸 进阶指南

草本花卉的害虫 草本花卉有多种害虫，要十分小心，大者捕捉，小者施以杀虫剂，或施药于土中，让根部吸收而杀死害虫，否则无法开出好花来。

夜盗虫 为夜盗蛾的幼虫。会在夜间啃食茎叶。

蚜虫 体色呈绿色或茶色，体长2～3毫米，群集在嫩芽或新枝上，吸食汁液维生。

温室粉虱 成虫长1～1.5毫米，一触摸它，即如粉飞扬般地跳起。幼虫呈椭圆形，附在叶子的背面，吸食汁液维生。常为害菊、天竺葵、鬼罂粟、樱草之类叶面有毛的草本花卉。

叶螨 在高温和干燥时期急速发生的一种虫害，发生时叶片将出现白斑点，用水冲洗会减少。

线虫 有附生在根部产生根瘤的根瘤线虫，和寄生在芽尖端的芽线虫。

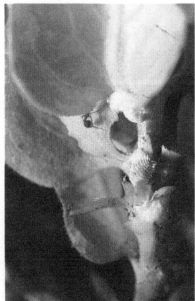

蓟马

蚜虫 附在嫩芽上，吸食汁液。

介壳虫

被虫吸食过的叶片

秋栽球根花卉

秋栽球根的花圃　满园的郁金香，非常悦目。

秋天栽植的球根，花期从春天开到夏初，夏天则进行休眠。

郁金香、风信子、水仙等，在夏天球根内部会形成花芽。这类球根即使仅靠球根的养分，也能开出美丽的花朵，因此可以进行水栽培方式。但是，如果采用水栽培方式，或置于阴暗之处，球根将缩小，第二年就开不出好花来了。要想要第二年仍会开出好花，必须种在日照良好之处，而且花期过后，虽仅留下叶子，也要小心照顾，这样球根才会增大。

百合、荷兰菖蒲与鸢尾花等类，在栽种之后即会长出花蕾，宜种在日照充足之处，并且必须施以肥料，才能开出漂亮的花。

银莲花和仙客来也可用种子繁殖。

■**郁金香**　这是改良自荷兰的草本花卉，较适合冬天寒冷多雨、春天开花后多晴天，而且掘起球根的6月、7月十分干燥的气候。球根宜在10月中旬～11月底间，种在排水良好的地方，株距为10～15厘米，种植深度为10厘米左右。不同品种的花色、高度、开花期都不相同，宜巧妙组合栽种。种时应施肥料。出芽时，施以稀释300倍的液肥，花朵将开得较大。开花后，摘除花鞘，让球根肥大。等叶呈黄色时，可掘起球根，放入网袋之中阴干，收存在室内凉爽之处。

郁金香的生长过程

种下的球根中已形成花蕾　　3月 发芽　　4月 开花　　6月 收获时分球

达尔文形

达尔文杂交形

凯旋形

百合形

郁金香的各种花

鹦鹉形

晚开多瓣形

考弗马尼亚娜形

弗斯特利亚娜形

进阶指南

球根植物的品种改良　球根类一般是以分球方法来繁殖，但改良品种时，必须用种子来繁殖。可将花色、形状甚佳但体弱的品种，和花色、形状欠佳但体健的品种交配，以补两者的缺点。所得种子在秋天播种，第二年春天即会长出芽，但需4～5年才会开花。

开花之后，可选择较好的，检测其球根收获量及耐病性，如果比原有品种好，即可定为新品种予以推广。球根植物的品种改良工作，从播下交配的种子到新品种的推广栽培，通常需要20年以上的时间。

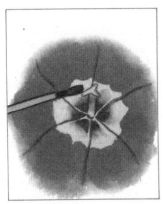

郁金香交配作业

种子采收

观察球根繁殖情形

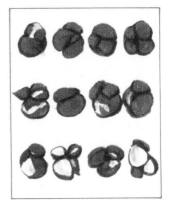

播种后第二年

■**水仙**　冬天开花，具有白色花瓣和黄色副冠，且有香味，颇为高雅。是正月期间代表性的花卉，常做切花之用。喇叭水仙开于3月，每支花茎有1朵，直径为6～7厘米，开着黄色和白色的花。副冠很大，比花瓣还长。

有些庭园常种着花房为黄色的黄花房水仙，和副冠有红边的红唇水仙。

种植时期以9～10月为宜，株距15厘米，深度10厘米。每隔三四年一次，于7月掘起球根行分球移植。植株强健，即使放任不管，也会每年开花。

■**无土无水也能开的花**　在夏季，有些内部已形成花蕾的球根，在无土无水的情况下，光靠球根中的养分也能开花。犬番红花即是其中之一。把犬番红花的球根放在室内，在10月中会开出淡紫色的花朵。

■**种于水中就能开的花**　像水仙、风信子、番红花之类的球根，于10月时放在装着水的玻璃瓶中，放在阴暗处，即会发根。等根长至四五厘米时，稍减水量，使根能接触空气。水仙放在室内，约12月～1月间开放。喇叭水仙、风信子、番红花在1月之前，必须先放在温度较低的地方，然后再移至室内让其开花。

■**百合类**　山野间经常可见各种百合花，有喇叭形的麝香百合，有粉红花瓣外翻的艳红鹿子百合，有又大又白带着黄条纹的天香百合，等等。

西洋水仙　　　　中国水仙

风信子

百合

艳红鹿子百合

各种不同颜色的百合

将这些百合花的雌蕊切开，在切口上沾附花粉，可产生杂种的胚，再经试管培养，即能获得杂种百合。使用这种方法，将来还会有更美丽的百合诞生。

百合如果栽种在一般的花坛里，极易染病，经过一两年即开不出好花来。如果种在庭园树木之间的树根附近，生长情况应该会比较好。

球根种植时期在 9 ~ 11 月，深度为 10 厘米。种过之后，无须每年掘起。掘起的球根若过于干燥将会枯死，宜收存于木屑之中。

百合球根的形状

百合的球根是由变形的叶状鳞片构成的。

百合球根的繁殖法

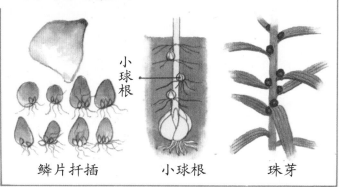

小球根

鳞片扦插　　　小球根　　　珠芽

多年生草本植物

　　每年植株的地上部分会枯死，留下的根部仍会萌芽继续生长，历经数年，这类草本花卉即为多年生草本植物。牵牛花虽然可生存数年，但如果以种子繁殖，仍然视同一年生草本植物。

■ **菊花**　菊花是秋季具代表性的多年生草本花卉。花的直径从 1 ~ 2 厘米的小菊，到超过 30 厘米的大型菊花，品种繁多。花形也有单瓣、重瓣、变形瓣等，各式各样。颜色则以黄、白为主，尚有桃红、橘红等。

　　只要一天有四五个小时以上的日照，而且排水良好、堆肥充分，任何土壤都能培育出美好的菊花。盆栽方面，必须使用含腐叶土、堆肥且排水良好的土壤。

繁殖方法　菊花通常以分株或插芽法繁殖。花谢之后，从根部算起茎部 15 厘米

大轮菊花　花坛用的菊花，有些品种可以种子繁殖，适合 4、5 月播种。

的位置切断，随后即长出新芽。将这些芽自地下 3 厘米处切断，可作为苗。这就是分株法。将春夏间长出的芽，自 5 厘米处切断，插入河沙或蛭石中，也能成苗。这就是插芽法。插芽在 3 天之内不可以接触正午的直射阳光，要用遮阳网覆盖，每天浇水 2 ~ 3 次。之后可让它充分接触阳光，10 天后施以 300 倍稀释液肥。根长出来时，尽可能移植于花盆或庭园里。

大菊花的栽培法　想设计成 3 朵花造形，

菊花的繁殖方法

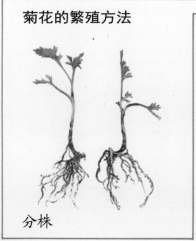

分株

插芽

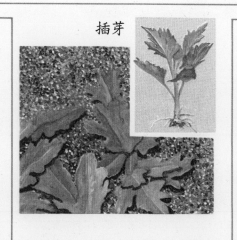

种子

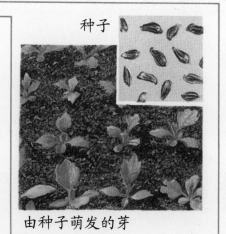

由种子萌发的芽

花坛用的菊花，有些品种可以用种子来繁殖，适宜 4、5 月播种。

非洲菊

天人菊

菊科百日草

必须在 5 ~ 6 月以插芽法育成苗，移植在直径 12 厘米的花盆。长至 7 ~ 8 厘米时，摘除芽尖。

然后，从由下长出的芽中，挑选发育良好的，保留 3 芽任其生长，其余摘除。定植之后，经过 3 周，等根部穿透盆底时，移植到直径 18 厘米的花盆中。然后，每隔 3 周移植到大一号的花盆，到 7 月初或中旬时，定植于直径 27 厘米的花盆里。这一段时间，应摘除侧芽。

9 月结花蕾时保留茎最上端的圆形花蕾，其余摘除。花蕾显现颜色之后，可依附在铁丝做成的圈架上。配合开花期，一面注意调整花形，一面将圈架往下降。1 朵花造形的话，要比 3 朵花造形晚 1 个月插芽、摘除侧芽，只留 1 支直挺的花茎即可。

小菊花的栽培法　11 月 ~ 12 月时，将根部长出的芽移植在直径 12 厘米的花盆，放在温室里过冬。从 4 月初起，每隔 3 周换一次较大的花盆，到 5 月底定植于直径 24 ~ 30 厘米的花盆。想做悬崖式造形的话，

其中心芽不摘除，任其伸展，但侧芽须摘除以调整形状。定植时，应撑起铁丝支架，种成斜面状。以后花茎即呈水平伸长，摘芽使植株整体变成三角形。在开花前，还须将铁丝弯成斜面，即可完成悬崖造形。

小菊花极易分枝，依摘芽方法，能做成半球形、锥形、圆筒形等自己喜欢的造形。

庭园中的菊花造形　选择颜色鲜丽的小菊花，6 月初进行插芽育成苗，种在庭园里，株距为 30 厘米，每一品种种几株在一起。定植后，摘 3 ~ 4 次芽，完成半球形造形。

有一种叫作史普列的菊种，花的直径 8 ~ 9 厘米，是切花用的改良种。颜色丰富，非常华丽，很适合庭园种植。种植时期在 6 ~ 7 月，不断地摘芽，到 8 月中旬停止摘芽，此时植株高达 1 ~ 1.5 米，并开始绽放。种时宜竖起支柱，以防倒伏。

5 ~ 7 月间开花的夏菊，于秋季时种植分株后的苗。在温暖地区，12 月、1 月间开花的寒菊也极适合庭园种植。

■**菖蒲** 生长在不太干燥之处。盆栽方面，开花后即将植株旁的侧株分株，种在21～24厘米深的花盆里。至于种在花园的可在9月中旬，每3～4芽分为1株，株距60～80厘米，此后3～4年间不再分株。鸢尾、白菖蒲的栽培方法都相同。

不同颜色的菖蒲

■**芍药** 在9月中旬至10月初进行分株。掘起时不可把根弄断，每2～3芽分为1株。种在放有堆肥、豆饼的土里，株距60厘米，此后3～4年不分株。开花后，施予肥料。

■**桔梗** 桔梗除了分株之外，也可播种繁殖。4月初播种，长出2～3片叶子时定植，株距10厘米，花期在7～10月。分株宜在10月中、下旬进行。花谢之后，可在地上10厘米处切断，将会再开花。

桔梗

■**龙胆类** 野生的龙胆可做切花，但夏季若非在冷凉之处无法生长。盆栽方面，可选矮种的条纹龙胆，此种较耐热，在温暖地区仍能生长良好，10～11月开花。可用插芽（扦插）或分株法繁殖。

台湾龙胆

■**桃花钗**　4月底~6月初，植株长出10~20厘米的花茎，绽放桃红色花朵。高仅15厘米，适宜种在花坛的边缘。10月初、中旬可行分株繁殖。

■**带草**　带草不是花，但叶形甚美，常用于装饰花坛的边缘。高20厘米，叶细长带状有白色条纹，丛生在一起。春、秋两季共可行2次分株繁殖，必须施肥使植株恢复生气。如果发现长出了没有条纹的植株，最好掘起舍弃。

■**秋海棠**　植株高约20厘米，从5月至秋末开花不断，适合花坛或盆栽。置于室内窗缘，在寒冬也能开花。由于颇耐干旱，在阳台上也能生长良好。可用扦插（插芽）来繁殖，也可用种子繁殖。

■**天竺葵**　植株高约40 ~ 50厘米，从5月开到10月，颇耐干旱，适合植于阳台。只要不遇到霜害，冬季也不会枯死。用插芽法繁殖。

天竺葵

各式各样的海棠

3 记录的方法

目的与方法

记录的目的

所观察的事物和由实验得知的事，应做记录。做记录的目的和理由如下：

1 **陈述事实变化** 自然的事物和发生的事件，随着时间的流逝而逐渐变化。必须详细、确实地记录在什么地方、什么时间、发生什么事。

2 **可追溯事件的起源** 对于变化中的事物、事件，可借此追溯起源。

3 **可供他人学习** 记录除了可让自己利用之外，也可供他人学习以增长见识。

4 **回顾前事以供未来参考** 回顾以前所发生的事，可作为预测未来之用。

5 **备忘之用** 记录可永久保存。查阅记录可以想起已经忘记的事。

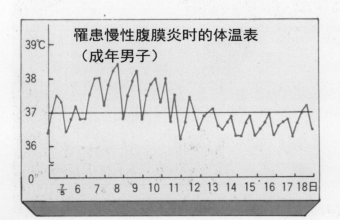

罹患慢性腹膜炎时的体温表
（成年男子）

记录的方法

1 **写成文书** 将观察或实验的结果详细、如实地写成文书。至于自己的感想，则写在另一本记录上。

2 **画成图表** 为了补文字叙述之不足，也可以画图表示。图像必须依照看到的事实描绘，不可以凭想象乱绘。

3 **照相** 如果你会使用照相机，那就用相机来记录吧！不过，用自己的眼睛仔细观察更为重要。

4 **保存实物** 植物、昆虫、贝壳等实物本身就是很好的记录。但必须依规定做成标本。

5 **整理文书、图片、照片** 很多记录多是由文字、绘图、照片及实物组合、整理而成的。整理的方式，有以文章为主的，有以照片为主的，各式各样，可依目的不同而分别使用。动物和植物标本也可说是以实物为主的一种记录方式。

蕺（jí）菜花 8月15日

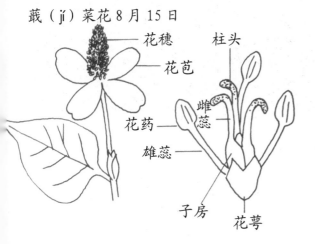

蕺菜花

连翘的观察			
4月19日 晴	4月20日 阴	4月23日 阴	4月25日 晴
从邻家墙上探出头来的连翘，还没有长出叶子，芽又小又硬，朝不同方向对生。	芽有点大了，仍然着小芽。	芽变得细长，芽尖稍软。	茶褐色的芽皮留在芽的下方，新的绿皮长出来了。
4月27日 雨	4月29日 晴	5月1日 晴	5月7日 阴
绿皮的前端露出许多黄色花瓣。	花瓣大部分露出来了，还包卷在一起。	花瓣继续伸长，越来越软。	花朵膨大起来，仔细看，花蕾已露出来了。
5月9日 阴	5月11日 雨	5月13日 雨	5月14日 阴
花蕾前端已经裂开了一点点。	花瓣渐渐展开来，快要开了。	有的花已经开了。	花中的雌蕊，露出来了。
5月18日 晴	5月19日 晴	5月20日 阴	
有些花的花瓣已经完全平展开了，也有一些仍然是筒状。	几乎全开了。	完全绽放。	

绘图的方法

● 绘图的要领

绘图记录时，要注意下列几点：

1. 注意长度、大小，用正确的比例画下来。
2. 数目不可以算错。
3. 正确画出物和物之间的位置关系。
4. 尽可能画大一点。
5. 用铅笔画，再涂上淡淡的颜色。

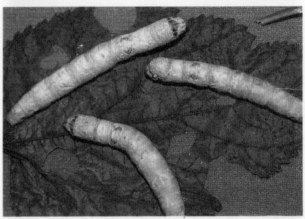

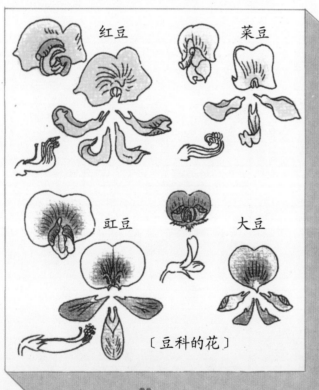

〔豆科的花〕

红豆　菜豆　豇豆　大豆

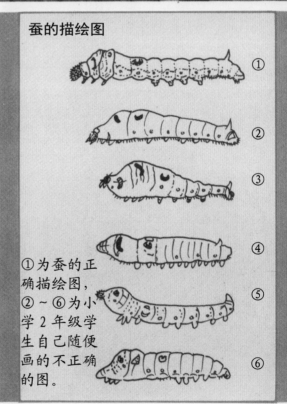

蚕的描绘图

①
②
③
④
⑤
⑥

①为蚕的正确描绘图，②～⑥为小学2年级学生自己随便画的不正确的图。

照相的方法

● 照相的要领

1 尽量使用有微距功能的照相机。

2 按快门时身体不可摇动。

3 对准昆虫的复眼或花的雌、雄蕊，必须调好焦点。

4 所要照的目标必须全部显露出来，不可藏在其他物体里。

5 必须和其他物体容易区分。

6 连续性的物体可以用相同的构图照相，并记录下日期、场所。

未被其他物体遮住的玉叶金花，显然要比被遮住的好看多了。

▲手握相机的标准姿势。

◀相机固定在三脚架上，可避免手持相机时可能造成的机身震动，使影像清晰锐利。

昭和草　　　　蝇

瓢虫的起飞动作

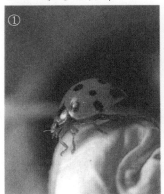① ② ③ 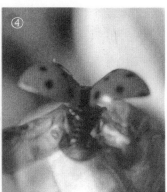④

记录的整理方法

● 作为学习数据的记录

这里所举的例子，是将有关纹白蝶一生变化的情形、金钟儿的饲养方法、气温和地温及天气变化情况、光的行进方法、二氧化碳的性质等，经过观察和实验所做成的记录。

在这方面，与其整理工作做得好，不如随时正确详细地做好完整的记录，作为与后来比较、研究的基础。

因此，切记不要在记录中随便写上不详的记载，使得事后连自己都搞不清楚。一定要写得清清楚楚。

● 作为标本的记录

许多实物标本，例如生长在路边的植物、森林内外的杂草、昆虫、海边的贝壳，等等，都是非常重要的记录。

标本必须附上识别用卷标，卷标上注明采集的年月日、采集地点和观察心得。

制作标本时，如果能按照制作的规定做成，事后的查阅就很方便了。

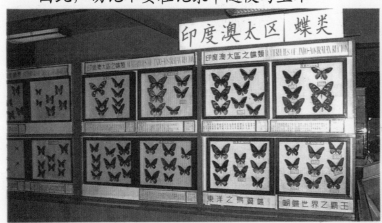

蝴蝶的标本

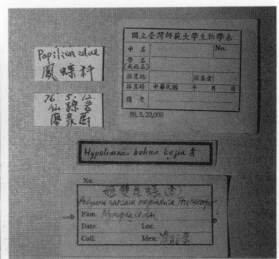

各种识别标签

虫吃植物的标本

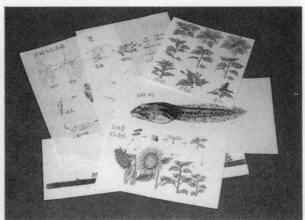

昆虫和植物的草图

● 研究用的记录

作为自由研究和主题研究的记录，通常有下列几项必须注意。

1 主题 要研究什么？主题一定要清晰。例如，做一个"刀之研究"的题目，不如定个"刀为什么能切割东西"的题目，来得明确。

2 研究动机 为什么要去研究？尽可能简单明了地写下研究的动机。

3 研究方法 将以什么样的方法来研究？必须事先列出顺序、经过、状况等事项。

4 研究记录 随着研究的进展，把弄明白的事记录下来。将数量、长度、大小、时间等一一记下，如果能添加图片或照片，那就更有助于加深了解了。

5 研究结果 将研究之后得知的事实，一条一条记下来，做一番总结整理。至于由研究结果来推论其他事物，则应记载于其他记录簿上。

6 后续工作 记下研究的反省、感想，或将如何进行以后的研究工作。

如果要将研究记录提出参加展览或比赛，必须先将大纲写在展览板上，尽可能让别人也能分享你的研究成果。

1 题目 丘陵区土中小石之研究。

2 研究动机 此处丘陵地有小石子混在土中。很想了解这些小石子是何种石头，来自何处。

3 研究方法 捡拾小石子，观察颜色、形状、大小等，就所知部分予以探讨。

4 研究记录 从一定场所捡拾100个小石子，再依大小和石子种类予以分类。

石子的大小和数量

大小	10mm 以下	15mm 以下	20mm 以下	20mm 以上
数量	18	43	19	20

5 研究结果 石子都又小又圆，由此可知，应该是河川挟带所沉积生成的。石子的位置是在高30米的山岗上，可能是古代河流经过之处。

6 反省和感想 这些石子到底是古时候哪一条河川运来的呢？下一步，我想比较另一条河川的石子。

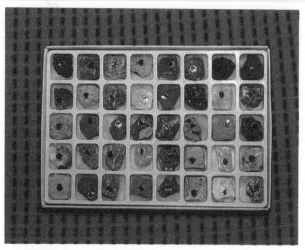

小石标本 石头弄成小块之后，放在有小格子的盒子里面，再编上号码，留下记录，是很好的收集方法。

4 观察野生鸟类

提到鸟类，大家都会想起养在笼中的文鸟或金丝雀。其实，山林间的野生鸟类不仅种类繁多，而且身影活泼曼妙、鸣声悦耳动听，更值得我们去观察、欣赏。

有时候，我们也能在公园或庭园树丛中意外地发现一些独立营生的野生鸟类。

相信我们都有遇到野生鸟类的愉快经历，而且有些还经常出现在我们四周呢！

◉野生鸟类栖息的场所

你曾经在哪儿见过什么样的野生鸟类呢？像是住家的附近、树林围绕的池塘边和朋友去郊游的山野，你注意到野生鸟类了吗？记得它们的样子吗？

红尾伯劳

褐头鹪（jiāo）莺

白环鹦嘴鹎（bēi）

紫啸鸫（dōng）

铅色水鸫（dōng）

山麻雀

白鹡（jí）鸰（líng）

鹰斑鹬（yù）

小白鹭

◉ 为什么叫麻雀呢？

乌头翁 头顶黑色。

棕背伯劳 背部棕色明显。

翡翠 背部有鲜亮的宝蓝色。

麻雀 身上有许多斑点。

野生鸟类的名字 任何一种鸟类都有其特征，例如颊上有斑点，或腹部有黑线等，依种类之不同而有异。野生鸟类的种类很多，它们的体色、飞行姿势正好可以作为辨识的指标。

我们在观察野生鸟类时，特别要注意它们的姿态。

只要你能看出鸟之间的不同特征，就比较容易记住名字。例如，身上有很多斑点的是麻雀；头顶黑色的是乌头翁；背部有宝蓝色的是翡翠……

如此一来，就能容易地记住大部分鸟类的芳名了。

大冠鹫

老鹰

斑鸻（héng）

黑尾鸥

深山竹鸡

雉

角鸮（xiāo）

小白鹭

尖尾鹬

花嘴鸭

猫头鹰

白头鹤

◉ 辨识种类的方法

体形大小　乌鸦和麻雀的体形差异很大，一见立即可以分辨，体形像麻雀的一定不是乌鸦。我们可以先借体形的大小来区分它们的类别。

形状　野生鸟类种类不同，形状也不同。例如猫头鹰（鸮）缩腿缩脖子的圆筒形和鹤细脚减肥的修长形，很容易区分。同种类的鸟都具有相同的体形。

颜色　嘴巴像鹦鹉、脖子上有一团白色的白环鹦嘴鹎，全身铅灰色的铅色水鸫等，可依其体色来分辨。

铅色水鸫

白环鹦嘴鹎

乌鸦

灰椋（liáng）鸟

59

◉ 季节与鸟

在你家附近，冬天出现的野生鸟类和夏天出现的野生鸟类有什么不同吗？季节改变时，常会出现一些平常看不到的野生鸟类。有些鸟类还会翻山越岭或渡海而来，可以细心地调查一下。

佛法僧

褐鹰鸮

杜鹃

白腹琉璃鸟

黄眉黄鹡（wēng）

桑鸤（shī）

白颊山雀

绶（shòu）带鸟

◉ 野生鸟类的不同栖息场所

野生鸟类依种类不同，栖息场所也有不同。庭园里、河溪和池塘边的野生鸟类、只见于山林中的野生鸟类、只吃鱼类维生的野生鸟类……任何一种都会选择最适合自己生活的场所。

岩鹨（liù）

红冠水鸡

矶鹬

小环颈鸻

老鹰

棕耳鹎

小白鹭

丹氏鸬鹚

黑尾鸥

黄尾鸲（qú）

斑点鸫

金背鸠

朱连雀

红长尾

腊嘴雀

伯劳

冠羽鹀（wú）

檀（jiāng）鸟

红隼（sǔn）

花雀

◉ 各种叫声

我们可凭着鸟的不同鸣唱，判断出它们是何种鸟。你听得出来吗？

尖尾鸭

绶带鸟

猫头鹰

赤啄木鸟

白腹琉璃鸟

灰椋鸟

绶带鸟

短翅树莺

草鹀

小杜鹃

冠羽柳莺

◉和野生鸟类约会

鸣唱 通常在春夏之交，野生鸟类会快乐鸣唱，整个林间山野充满了热闹的气氛，似乎大伙儿都在快乐地高声歌唱。但倒也不完全是因快乐而唱的：有的是在招唤雌鸟："我在这儿喔！"
有的却是在警告同伴："这是我的地盘，少来惹我！"

红山椒鸟的鸣唱

翠鸟

搔头动作 鸟类梳理羽毛的工作，是一项很重要的日常工作，尤其是搔头的动作。野生鸟类的搔头动作有 2 种：一是将脚穿过翅膀伸到头部搔扒一番，另一种是直接将脚伸到头部搔扒。那么，翠鸟是用哪一种方式呢？野鸭又是用哪一种呢？

雄与雌 有些野鸟的雄与雌体色不同，你根据哪一方比较漂亮来判断。当你看到雉鸡、白腹琉鸟、野鸭等野生鸟类时，所看到的漂亮野生鸟类都是雄鸟，颜色较朴素的是雌鸟。雄鸟的体色漂亮耀眼，能帮助它吸引雌鸟。但是，像麻雀、乌鸦之类的鸟，雌雄的体色是相同的。

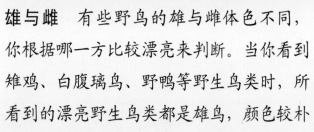

小水鸭 前面的为雌鸟，后面的为雄鸟。

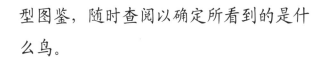

● 野外观察的准备工作
● 准备工具

去赏鸟最重要的是用你的眼睛、耳朵，以及观赏的意念。若能配备以下物品的话，就更为方便了。

笔记本和铅笔 这是为了记录用的。笔记本以硬皮的袖珍本较合适。

双筒望远镜 可直接观赏远距离的野生鸟类。倍率以 7～9 倍为宜。

图鉴 观赏野生鸟类时，最好准备一本小型图鉴，随时查阅以确定所看到的是什么鸟。

此外，由于身处荒郊野外，冬天要注意防寒，夏天则应该戴帽子遮阳。

● 赏鸟会

社会上有一些喜欢鸟类，并常去郊外观察鸟类的团体。参加这种赏鸟会，是认识鸟类的一条捷径。

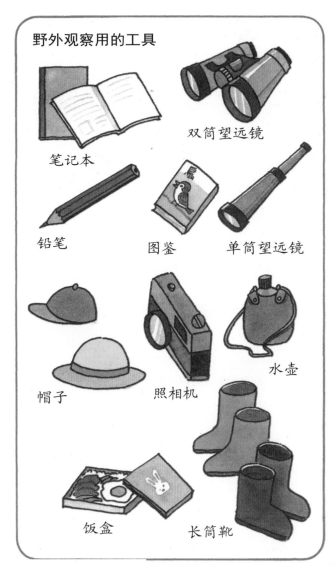

野外观察用的工具

笔记本　双筒望远镜　铅笔　图鉴　单筒望远镜　帽子　照相机　水壶　饭盒　长筒靴

出远门赏鸟

如果你已能分辨庭园或公园里的野生鸟类，那么你也可以算是个行家了，可以邀请朋友、家人一起出远门观赏野生鸟类。刚开始时，如果不清楚去哪里才能找到较多鸟类的栖息场所，可向赏鸟会咨询。

到河滩去 春秋之交，很多来自北方的水鸟，如鹬、水鸡、鸭等比较常见。

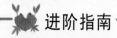 进阶指南

野鸟生态保护区 当我们去过很多地方赏鸟之后，会发现能让野生鸟类安心居住的地方已越来越少了，这实在令人担心。目前，大概只有国家公园和野鸟生态保护区内，小鸟们还能稍微安心地生活。因滥捕、扑杀，野生鸟类的数目已大幅减少。

大自然的生态环境

到湖边去 冬天的湖畔，有许多鹅、鸭、雁等在那儿休憩，上空还可能会出现一些以它们为狩猎对象的鹰鹫类的大鸟呢！

到山上去 高度不同、季节不同，可看到的鸟类也不同。春夏之交，野鸟大多在进行歌唱比赛；冬天则常见到鸟儿们成群结队地在枯萎的枝丫间跳跃追逐。

事实上，野鸟是我们周遭大自然的朋友，所以，我们和它们常见面，生活里自然会充满乐趣。我们还能借着摄影、素描、录音以及调查它们的生活形态，来增加对它们的认识，也可介绍给社会大众，让大家都能一起来保护它们，维护大自然的生态平衡。

5 做一做

● 飞舞的蝴蝶

利用铁丝的弹性，可做出会飞舞的蝴蝶。当纸蝴蝶从竹签的上端朝下坠落时，就会像真蝴蝶般地飞舞着。

蝴蝶的制作方法

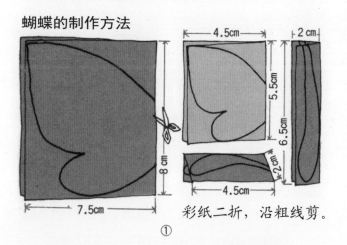

彩纸二折，沿粗线剪。

①

用糨糊粘贴。

弹簧的做法

圆竹签

铁丝

②

蝴蝶黏在此。

橡皮擦

③

6.5cm

1 cm

材料 准备彩纸、铁丝（粗1毫米）、圆竹签（直径8毫米，长50厘米），圆木棍亦可，空罐子、黏土、橡皮擦。

做法 ①用纸剪成1只蝴蝶。②将铁丝缠绕在 圆竹签上，绕上10至12次，做成弹簧形状。③铁丝的一端插在橡皮擦上，再粘上纸蝴蝶。④圆竹签以空罐和黏土固定。⑤铁丝弹簧穿过圆竹签。

◉ 跳跃的青蛙

将细长的塑料板做成圈状，使它具有弹簧般的作用。把竹签照图穿过圆圈，就可做成会跳得很高的青蛙。

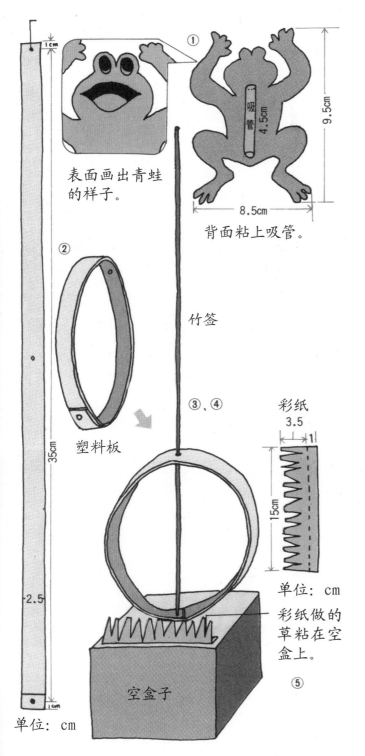

① 表面画出青蛙的样子。

9.5cm

4.5cm

吸管

8.5cm

背面粘上吸管。

② 塑料板

竹签

③、④

35cm

2.5

单位：cm

彩纸

3.5

1

15cm

单位：cm

彩纸做的草粘在空盒上。

⑤

空盒子

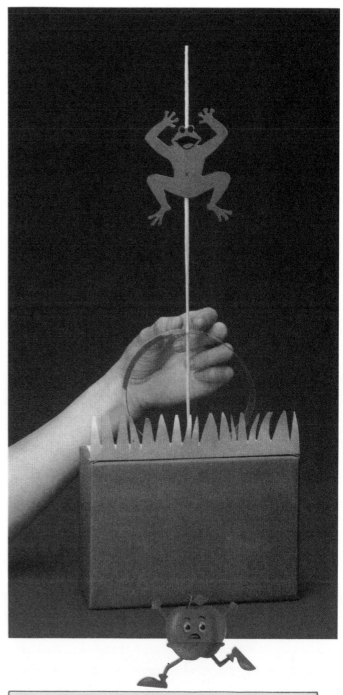

材料　准备较厚的彩纸、塑料板（厚约0.2毫米）、竹签（直径约3毫米）、吸管、空盒子。

做法　①用彩纸做成青蛙，背面黏上吸管。②塑料板穿洞后用强力胶粘好成圈状。③竹签固定于空盒中。④竹签穿过塑料圈，并固定在空盒子上面。⑤空盒上粘着彩纸做成的草。⑥将青蛙背后的吸管插入竹签。

◉ 钓鱼人

这是个以铁丝构成的钓鱼玩偶。如图，将铁丝做成螺旋状，再将彩纸做成的鱼悬吊在铁丝上，但要保持平衡。

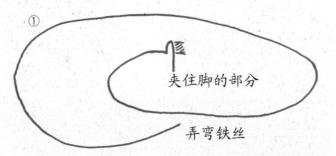

① 夹住脚的部分

弄弯铁丝

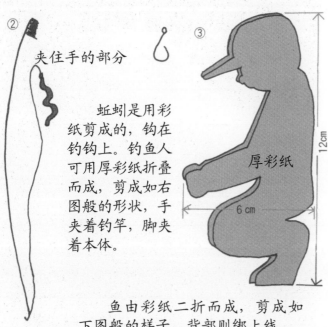

② 夹住手的部分

③

蚯蚓是用彩纸剪成的，钩在钓钩上。钓鱼人可用厚彩纸折叠而成，剪成如右图般的形状，手夹着钓竿，脚夹着本体。

12cm 厚彩纸 6 cm

鱼由彩纸二折而成，剪成如下图般的样子，背部则绑上线。

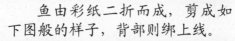
线

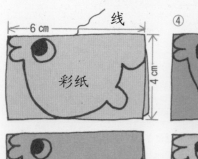
6 cm 彩纸 4 cm

④ 线 彩纸

彩纸

彩纸

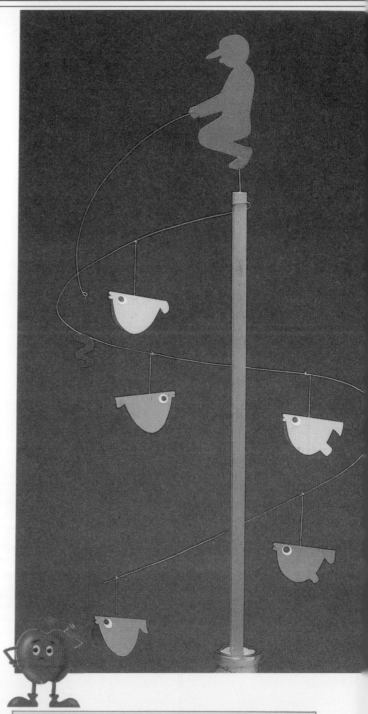

材料 彩纸、厚彩纸、铁丝、方形木条（粗1厘米，长55厘米）、空罐、黏土、线。

做法 ①把铁丝弄弯，做成钓竿、钓钩、螺旋状本体。②钓竿绑上钓线、钓钩，再装上彩纸做成的蚯蚓。③用厚彩纸做个钓鱼人，手脚连着钓竿和本体。④用彩纸做成鱼，以线吊在本体上。⑤木条插在空罐里，以黏土固定。

◉ 摇晃小白兔

用厚纸板剪成大中小 3 只小白兔吊在室内，只要考虑它们的平衡性，它们就能成为室内很有趣的装饰。

照着图把厚纸板剪成大、中、小 3 只小白兔，并画上表情。绑线时，一定要注意它们是否保持平衡，提醒你哟，小的应吊在最下方。

材料 厚纸板、钓线。

做法 ①以厚纸板剪成大中小 3 只小白兔。②涂上颜色。③3 只小白兔以钓线连接，并使其保持平衡。

◉ 小飞鸭

这是一个会手舞足蹈的动感玩偶。

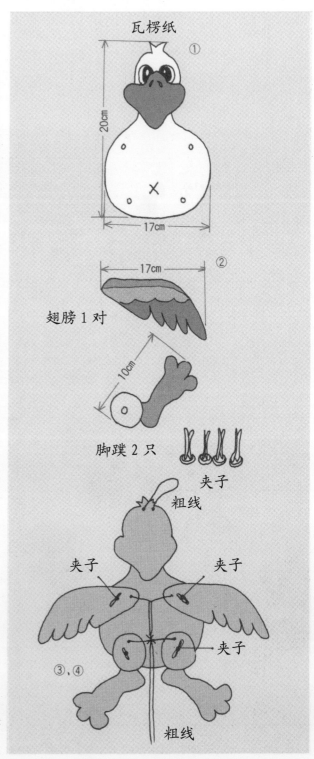

瓦楞纸 ①

20cm

17cm

17cm ②

翅膀 1 对

10cm

脚蹼 2 只

夹子

粗线

夹子   夹子

夹子

③、④

粗线

材料 瓦楞纸、彩纸、夹子（4 个）、粗线。
做法 ①将瓦楞纸剪出小飞鸭的身体、翅膀及脚蹼的形状。②用彩纸贴出图案。③用夹子将翅膀及脚固定在身体上。④如图，把粗线绑好。